职业教育通识课程系列教材

GAOXIN JISHU GAILUN

高新技术概论

◎ 总主编　周永平

◎ 主　编　杨　敏　许　洁

◎ 副主编　唐咏梅　杨明贤

◎ 编　者　谭　侃　刘贵婷　代云香

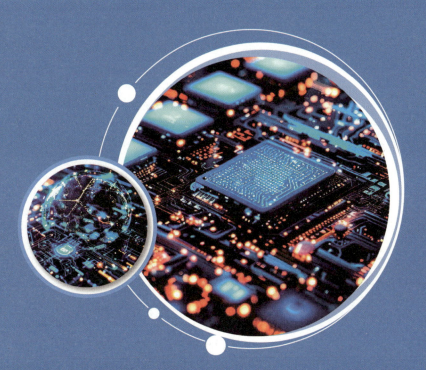

重庆大学出版社

内容提要

本书是一本介绍现代高新技术的教材，内容主要涉及云计算与智慧校园、大数据与智能交通、物联网与智能家居、工业互联网与智能制造、区块链与智能政务、人工智能与智慧农业、虚拟现实与智慧文旅七个方面。

本书对多种高新技术的知识点进行梳理、整合，通过通俗易懂的语言与应用案例来讲解高新技术，让读者了解在高新技术产业大发展的环境下各行业相关岗位的高新技术与技能。

本书既可作为高等职业技术学院、中等职业学校各专业的信息素养教材，也可作为相关工程技术人员的参考用书。

图书在版编目（CIP）数据

高新技术概论 / 杨敏，许洁主编. -- 重庆：重庆
大学出版社，2025.7. --（职业教育通识课程系列教材
）. -- ISBN 978-7-5689-5160-9

Ⅰ. TN911.72

中国国家版本馆CIP数据核字第2025UD9359号

职业教育通识课程系列教材

高新技术概论

主　编　杨　敏　许　洁
副主编　唐咏梅　杨明贤
策划编辑：陈一柳

责任编辑：陈一柳　　　版式设计：陈一柳
责任校对：邹　忌　　　责任印制：赵　晟

*

重庆大学出版社出版发行
社址：重庆市沙坪坝区大学城西路21号
邮编：401331
电话：（023）88617190　88617185（中小学）
传真：（023）88617186　88617166
网址：http://www.cqup.com.cn
邮箱：fxk@cqup.com.cn（营销中心）
全国新华书店经销
重庆永驰印务有限公司印刷

*

开本：787mm×1092mm　1/16　印张：13　字数：261千
2025年7月第1版　　2025年7月第1次印刷
ISBN 978-7-5689-5160-9　　定价：45.00元

前 言
PREFACE

本书是职业教育信息技术类通识课程的教材，它主要面向的读者对象是中高职学生，是为了提升学生的信息技术素养，为本专业的学习提供信息技术支持。

本书主要介绍了现今高新技术的核心技术、应用案例和发展方向，包括云计算与智慧校园、大数据与智能交通、物联网与智能家居、工业互联网与智能制造、区块链与智能政务、人工智能与智慧农业、虚拟现实与智慧文旅七个方向。本书具有以下三大特点：

1. 本书对现今高新技术的知识点进行梳理、整合，通过通俗易懂的语言和丰富的应用案例来讲解，让读者了解在高新技术产业大发展的环境下各行业相关岗位的高新技术与技能。

2. 为了避免陷入空洞的理论介绍，本书融入了丰富的应用案例。这些案例就发生在人们的身边，具有很强的代表性和说服力，能够让学生直观感受相应理论的具体内涵。

3. 本书在编写以及课程内容开发过程中落实了课程思政的要求，突出了职业教育特点，在选取典型应用案例时，充分彰显中国立场、中国智慧、中国价值的信念和信心，将思政教育的内涵以通俗易懂的方式融入教材。

本书教学共需 32 学时，建议在一年级的第一学期使用，每周 2 学时，各项目学时参考如下：

序号	内容	学时
项目一	云计算与智慧校园	4
项目二	大数据与智能交通	4
项目三	物联网与智能家居	6
项目四	工业互联网与智能制造	6
项目五	区块链与智能政务	4
项目六	人工智能与智慧农业	4
项目七	虚拟现实与智慧文旅	4

本书由周永平担任总主编，杨敏、许洁担任主编，唐咏梅、杨明贤担任副主编。项目一、二由谭侃、刘贵婷编写；项目三、四由杨敏、杨明贤编写；项目五、六、七由代云香、唐咏梅、许洁编写。全书由杨敏统稿。

本书在编写过程中得到重庆市教育科学院职成研究所周宪章研究员，重庆市垫江职业教育中心杨清德教授等职教专家的指导和帮助，他们还多次参与本书样稿的评审工作，提出了许多宝贵的修改意见，在此一并表示诚挚的谢意。

由于作者时间有限，书中难免有疏漏之处，恳请广大读者批评指正。

编 者

2024 年 7 月

目 录
CONTENTS

项目一　云计算与智慧校园

任务一　认识云计算技术

『学习情景』

2015 年 7 月 13 日，国内首个省级交通大数据云平台——贵州公安交警云（图 1-1）正式投入使用，利用云计算技术建成交通管理"最强大脑"，全面提升全省公安交管能力。

虽然此前贵州省交警部门在全省道路上已布设了较为完善的监控系统，但对这些监控数据的分析和研判更多还是通过人眼与经验。云平台的建立，使机器智能识别成为可能，通过对车辆图片进行结构化处理并与原有真实车辆图片进行对比，车辆分析智能云平台能瞬间判别路面上的一辆车是假牌车还是套牌车。

图 1-1　贵州公安交警大数据实时作战云平台

在搭建贵州公安交警云平台的基础上，贵州交警推出以微信、微博和"贵州交警"App为主要内容的阳光警务手机终端，将传统的车驾管、违法处理、事故处理、安全教育等窗口服务变为线上服务，让百姓少跑腿。

『学习目标』

1. 了解云计算的概念；
2. 理解云计算的主要特点和服务类型；
3. 能发现云计算技术在身边的应用。

『学习探究』

活动一 认识云计算

云计算是分布式计算的一种，指的是通过网络"云"将巨大的数据计算处理程序分解成无数个小程序，通过多个服务器组成的系统进行处理和分析后得到结果并返回给用户。早期的云计算就是先进行任务分发，再进行计算结果的合并。因此，云计算又称为网格计算。通过这项技术，可以在很短的时间内（几秒钟）完成对海量数据的处理，从而提供强大的网络服务。

"云"实质上是一个提供资源的网络，使用者可以随时获取"云"上的资源，按需求量使用，按使用量付费，可以无限扩展。"云"就像是一家自来水厂，用户可以随时用水，并且不限量，只需按照用水量付费。从广义上说，云计算是与硬件、软件、网络相关的一种服务。云计算把许多计算资源集合起来，通过软件实现自动化管理，从而形成计算资源共享池，这种资源共享池就叫"云"。只需要很少的人参与，"云"就能快速提供资源。也就是说，"云"能够将计算能力变为一种商品，在互联网上流通，就像水、电、煤气一样，可以方便地取用，且价格较为低廉。

云计算不是一种全新的网络技术，而是一种全新的网络应用概念。云计算的核心概念就是以互联网为中心，在网络上提供快速且安全的云计算服务与数据存储，让每一个使用互联网的人都可以使用网络上的庞大计算资源与数据中心。

云计算是继互联网、物联网后在信息时代又一次革新，云计算是信息时代的一个大飞跃，未来的时代可能是云计算的时代。虽然目前有关云计算的定义有很多，但总体来说，云计算的基本属性是一致的，即云计算具有很强的扩展性和需要性，可以为用户提供一种全新的体验。云计算的核心是可以将很多的计算机资源集中在一起，用户通过网络就可以获取近乎无限的资源，同时获取的资源不受时间和空间的限制。

读一读

　　电子商务现在已经覆盖人类生活中的每一个角落，人们不用忍受逛街带来的劳累，就可以买到喜欢的东西。企业之间的各种业务往来也越来越喜欢通过电子商务来进行，这些行为背后涉及大量数据的复杂运算。这些运算过程都被云计算服务提供商带到了"云"中，人们只需要进行简单的操作，就可以完成复杂的交易。

活动二　了解云计算在生活中的应用

　　"云计算"的核心是数据中心，是由成千上万的工业标准服务器等硬件设备和相应的软件组成。企业和个人用户通过高速互联网得到计算能力，可以避免大量的硬件投资。云计算意味着计算能力也可以作为一种商品进行流通，就像煤气、水电一样，取用方便，费用低廉。最大的不同在于，它是通过互联网供人们使用的。

1. 云办公

　　自从云计算技术出现以后，办公室的概念已经很模糊了。在任何一个有互联网的地方都可以同步办公所需要的办公文件。同事之间的团队协作也可以通过基于云计算技术的服务来实现，而不用像传统工作那样必须在同一个办公室里才能够完成合作。在将来，随着移动设备的发展以及云计算技术在移动设备上的应用，办公室的概念有可能会逐渐消失。

2. 云存储

　　在日常生活中，个人数据的重要性越来越突出，备份文件就和买保险一样重要。为了保护个人数据不受各种灾害的影响，移动硬盘就成了每个人手中必备的工具之一。但云计算的出现彻底改变了这一格局。通过云计算服务提供商提供的云存储技术，只需要一个账户和密码，以及远远低于移动硬盘的价格，就可以在任何有互联网的地方使用比移动硬盘更加快捷方便的服务。随着云存储技术的发展，移动硬盘也可能不会像之前那么普及。

3. 云医疗

　　云医疗是指在云计算、移动技术、多媒体、5G 通信、大数据以及物联网等新技术支持的基础上，结合医疗技术，使用"云计算"创建医疗健康服务云平台，实现了医疗资源的共享和医疗范围的扩大。云医疗提高了医疗机构的效率，方便居民就医。现在，医院的预约挂号、电子病历、医保等都是云计算与医疗领域结合的产物，云医疗还具有数据安全、信息共享、动态扩展、布局全国等优势。

4. 云教育

云教育实质上是指教育信息化的一体化发展。云教育可以将所需要的任何教育硬件资源虚拟化，然后接入互联网中，向教育机构和学生老师提供一个方便快捷的网络平台。现在流行的慕课就是云教育的一种应用。慕课（MOOC）是指大规模开放的在线课程。2011 年，高等教育出版社联手网易推出国内首个 MOOC 平台——中国大学 MOOC，目前已有一万多门开放课程、1400 多门国家级精品课程。

 读一读

> 音乐已成为每个人生活中必不可少的一部分。随着用户的需求增加，用来听音乐的设备容量也越来越大。不管是手机还是其他数码设备，音乐的存储问题一直是用户纠结的一个问题。用户总是会因为播放器的容量不够导致不能听到想听的音乐而苦恼。云端音乐流媒体服务的出现解决了这一问题，借助云计算提供的强大存储能力和处理能力，用户不用下载音乐文件就可以随时欣赏喜欢的任何音乐了。

活动三　了解云计算的特点和类型

一、云计算的特点

1. 大规模、分布式

"云"一般具有相当的规模，一些知名的云供应商能拥有上百万级的服务器规模，而依靠这些分布式的服务器所构建起来的"云"能够为使用者提供前所未有的计算能力。

2. 虚拟化

云计算都会采用虚拟化技术，用户并不需要关注具体的硬件实体，只需要选择一家云服务提供商，注册一个账号，就可以登录云控制台，去购买和配置相应的服务（如云服务器、云存储、云数据库等），再为应用做一些简单的配置之后，就可以让应用对外服务了，这比传统的在企业的数据中心部署一套应用要简单方便得多。而且用户在云端可以随时随地通过 PC 或移动设备来控制自己的资源，这就好像是云服务商为每一个用户都提供了一个互联网数据中心（IDC，Internet Data Center）一样。

3. 高可用性和可扩展性

云计算供应商一般都会采用数据多副本容错、计算节点同构可互换等措施来保障服务的高可靠性。通过云服务的应用可以持续对外提供服务，另外，"云"的规模可以动态伸缩，来满足应用和用户规模增长的需要。

4. 按需服务，更加经济

用户可以根据自己的需要来购买服务，甚至可以按使用量来进行精确计费。这能大大节省使用成本，而资源的整体利用率也将得到明显改善。

5. 安全性

网络安全已经成为所有企业或个人创业者必须面对的问题，企业的 IT 团队或个人很难独自应对来自网络的恶意攻击，使用云服务则可以借助更专业的安全团队来有效降低安全风险。

二、云计算的类型

1. 按服务类型分类

云计算按服务类型可以分为三类：基础设施即服务（IaaS，Infrastructure as a Service）；平台即服务（PaaS，Platform as a Service）；软件即服务（SaaS，Software as a Service）。

可以用自己建房子自己住来类比云计算的三种服务类型。

基础设施即服务（IaaS）：以前公司要建立信息系统，需要自己建机房、服务器、网络以及配套设施，就好比自己建房子，需要自己买土地、买材料、设计房子结构、建房子。现在，基础设施即服务告诉你，你不用自己建房子了，我这有现成的，你直接租就好了。

平台即服务（PaaS）：以前公司在自己建好信息系统之后，还要自己搭建操作系统、配置环境，就好比盖好房子之后还要自己装修房子。现在，平台即服务告诉你，你不用自己装修房子了，我这能提供装修服务，你直接买就好了。

软件即服务（SaaS）：以前公司在把操作系统、环境配置好之后还要自己开发各种应用软件，就好比房子装修完成后还要进行装饰，配备休闲娱乐设施、运动健身设施等。现在，软件即服务告诉你，这些应用设施我这都有现成的，你也可以直接租用。

　　在没有 GPS 的时代，每到一个地方，我们都需要买一张当地的地图。以前经常可见路人拿着地图问路的情景。而现在，我们只需要一部手机，就可以拥有一张全世界的地图，甚至还能够得到地图上得不到的信息，如交通路况、天气状况等。这一切正是基于云计算技术的 GPS 带给我们的。地图、路况这些复杂的信息，并不需要预先装在手机中，而是储存在服务提供商的"云"中，用户只需在手机上搜索，就可以很快找到要找的地方。

2. 按部署形式分类

云计算按部署形式可以分为三类：公有云、私有云、混合云。

公有云强调弹性和共享，小到 1 核 1G 的单一云主机，大到数十万核的计算机集群，都可以按需调配。

私有云属于安全的专用基础设施，更适合有一定规模而且对安全性要求较高的企业。它与传统的本地部署（On-Premise）模式不同，私有云强调"云化"。基于一系列的虚拟化和自动化技术，私有云可以提供类似公有云的"弹性"和"敏捷"体验，同时又能提供更灵活的功能和更可控的安全。对使用者来讲，私有云起步门槛低，灵活可调整，适用于从无到有、快速成长型的企业或者创新业务。

混合云是公有云和私有云的组合，一部分业务使用公有云，一部分业务使用私有云。严格来讲，混合云不是一种云的形态，而是一种部署模式，企业需要利用一些技术来实现两种云的统一管理、监控、调度、数据同步等。与只使用一种形态的云相比，混合云部署更为复杂。

　　如今的搜索引擎已经不仅仅是一个提供信息的工具。云计算技术赋予了搜索引擎强大的信息处理能力，人们的生活已经离不开搜索引擎了。当人们遇到解决不了的问题时，可以去询问搜索引擎；当人们想要买东西时，搜索引擎会告诉他们去哪里买；当人们要去旅游时，搜索引擎也能帮忙安排好行程。搜索引擎越来越像一个生活管家，使人们的生活更有质量，更加高效。

『学习总结』

1. "云"实质上是一个提供资源的网络,使用者可以随时获取"云"上的资源,按需求量使用,并且使用量是可以无限扩展的,只要按使用量付费就可以。

2. 云计算的核心是可以将很多的计算机资源协调在一起。

3. 云计算按服务类型可以分为基础设施即服务、平台即服务、软件即服务三类。

4. 云计算按部署形式可以分为公有云、私有云、混合云三类。

『学习延伸』

中国最大的云计算技术和服务提供商——阿里云

阿里云创立于 2009 年,是全球领先的云计算及人工智能科技公司,致力于以在线公共服务的方式,提供安全、可靠的计算和数据处理能力,让计算和人工智能成为普惠科技。阿里云服务着制造、金融、政务、交通、医疗、电信、能源等众多领域的领军企业,包括中国联通、12306、中石化、中石油、飞利浦、华大基因等大型企业客户,以及微博、知乎等互联网公司。在天猫"双 11"全球狂欢节、12306 春运购票等极富挑战的应用场景中,阿里云保持着良好的运行记录。

飞天(Apsara)诞生于 2009 年 2 月,是由阿里云自主研发、服务全球的超大规模通用计算操作系统,为全球 200 多个国家和地区的创新创业企业、政府、机构等提供服务。飞天希望解决人类计算的规模、效率和安全问题。它可以将遍布全球的百万级服务器连成一台超级计算机,以在线公共服务的方式为社会提供计算能力。飞天的革命性在于将云计算的三个方向整合起来:提供足够强大的计算能力,提供通用的计算能力,提供普惠的计算能力。

任务二 云计算在智慧校园中的应用

『学习情境』

在浙江省杭州市丁兰第二小学的体育课上,学生们练习立定跳远的同时,一旁的智慧体育系统也在通过 6 个高分辨率、高帧率的摄像头,对学生起跳、落地和跳跃过程中的关键节点进行全方位、多细节的捕捉。"摆臂角度偏小""起跳速度慢""单脚落地"……系统自动识别学生动作，并提醒学生改进，如图 1-2 所示。

　　"智慧体育系统不仅能实现动作数据的自动采集和分析，还可以根据学生的运动完成度生成报告。根据报告内容，教师上课有了科学依据，教学评价将更加精准。"杭州市上城区教育学院教育信息资源中心副主任李老师说。数据是智慧校园建设中的关键要素，利用云计算技术对有效的数据进行分析与应用，有助于了解学生状态、实现个性化服务，进而发现教学问题、帮助科学决策。

图 1-2　利用云计算分析学生立定跳远姿势

『学习目标』

　　1. 了解智慧校园的概念；

　　2. 了解在智慧校园中云计算技术的应用；

　　3. 了解智慧校园的主要技术载体。

『学习探究』

活动一　认识智慧校园

随着云计算、物联网、移动互联等高新技术的应用，教育信息化迎来了新的发展机遇。

传统校园经由电子校园、数字化校园阶段，逐步迈向智慧校园阶段。智慧校园是指以促进信息技术与教育教学融合、提高学与教的效果为目的，以物联网、云计算、大数据分析等新技术为核心技术，集成校园的分布式信息系统资源，构建的一种全面感知、智慧型、数据化、网络化、协作型一体化的教学、科研、管理和生活服务环境。

一、智慧校园的核心组成

智慧校园主要包括智慧教学环境、智慧教学资源、智慧校园管理以及智慧校园服务四大板块，通过深度融入现代信息技术，提升教育教学的质量与效率，增强校园管理的智能化水平，提供更加便捷、个性化的校园生活服务。

1. 智慧教学环境

智慧教学环境是智慧校园建设的基石，它利用先进的信息技术手段，如智能教室、虚拟实验室、在线互动平台等，为师生创造一个高效、互动、个性化的学习环境。

（1）智能教室

智能教室配备智能黑板、电子白板、多媒体教学系统等，支持远程教学、实时互动、在线测评等功能，使教学更加灵活多样。

（2）虚拟实验室

通过模拟真实的实验环境和过程，学生可以在虚拟环境中进行实验操作，降低实验成本，提高实验安全性，同时增强实验教学效果。

（3）在线互动平台

在线互动平台提供师生间、生生间的即时通信、文件共享、小组讨论等功能，促进学习交流与合作。

2. 智慧教学资源

智慧教学资源是指利用信息技术整合、优化和共享教育资源，包括数字教材、网络课程、在线学习资源库等。

（1）数字教材

将传统纸质教材转化为电子格式，便于学生随时随地访问和学习。

（2）网络课程

提供丰富的在线课程，涵盖各个学科领域，满足学生个性化学习需求。

（3）在线学习资源库

汇聚各类学习资源，如视频教程、电子图书、习题库等，支持学生自主学习和探究。

3. 智慧校园管理

智慧校园管理通过集成各种管理信息系统，实现校园管理的自动化、智能化和高效化。

（1）教务管理系统

包括课程安排、选课管理、成绩录入与分析等功能，提高教学管理效率。

（2）学生管理系统

涵盖学生信息管理、学籍管理、奖学金评定等，为学生提供一站式服务。

（3）资产管理系统

对校园内的固定资产、图书资料等进行数字化管理，实现资源的优化配置。

4. 智慧校园服务

智慧校园服务旨在通过信息化手段，为师生提供便捷、高效的校园生活服务。

（1）一卡通服务

集身份认证、消费支付、门禁管理等功能于一体，方便师生在校内各场景使用。

（2）智能安防

利用视频监控、人脸识别等技术，提升校园安全水平，保障师生安全。

（3）校园生活服务

如食堂预订、宿舍管理、图书馆借阅等校园生活服务，通过移动应用或自助服务终端，提供便捷的生活服务体验。

 读一读

　　虚拟实训室代表了职业教育与现代技术融合的前沿成果。这些实训室包括模拟驾驶实训室、沉浸式虚拟仿真实训室、3D模型类教学实训室等多个专业区域，为学生提供了高度仿真的学习和训练环境。在模拟驾驶实训室中，高仿真度的列车模拟驾驶器（图1-3）让学生仿佛置身于真实的城轨列车驾驶舱内，通过逼真的视听反馈，实现虚拟场景与真实操作的完美结合，有效提升了学生的专业技能和应对实际工作的能力。而沉浸式虚拟仿真实训室则利用先进技术构建出各种复杂的交通场景，使学生在安全的环境中体验并学习处理各种实际情况，极大地丰富了教学内容，提高了教学效果。

图 1-3　高铁动车组模拟驾驶实训室

二、智慧校园的主要特征

智慧校园作为教育信息化的高级形态，其特征主要体现在环境全面感知、网络无缝互通、海量数据支撑、开放学习环境、师生个性服务、智能管理与决策支持等多个方面。

1. 环境全面感知

智慧校园通过各类传感器和智能感应技术，实现对校园内人和物的实时信息监测与捕获。例如，通过摄像头、RFID、无线传感器等设备，可以实时感知校园内的光线、位置、触摸等物理信息，甚至可以通过录播技术分析师生的情绪变化等，为校园管理、教学评估、安全保障等提供了有力的数据支持。

2. 网络无缝互通

智慧校园实现了有线与无线网络的全覆盖，并引入了移动互联网和物联网技术，使得师生可以随时随地通过各类设备进行联网，实现人与人、人与物、物与物之间的互联与互通，为师生提供了便捷的信息获取、交流和共享途径，促进了教育资源的优化配置和高效利用。

3. 海量数据支撑

智慧校园通过收集、存储和分析从各类传感器和其他智能感应技术中获取的大量数据，形成了丰富的数据源。这些数据经过智能分析后，可以用于校园管理、教学评估、学生行为分析等多个方面，为科学决策提供了有力的支持，使智慧校园能够实现更加精准、个性化的服务。

4. 开放学习环境

智慧校园打破了传统校园的时空限制，为师生提供了更加开放、灵活的学习环境。通过在线学习平台、虚拟实验室等数字化教学工具，学生可以随时随地进行自主学习、协作学习和探究学习。不仅丰富了学生的学习方式，也提高了学习的效率和效果。

5. 师生个性服务

智慧校园以用户为中心，根据师生的个性化需求提供定制化的服务。例如，通过智能推荐系统为师生推荐个性化的学习资源、课程安排和教学方案；通过智能客服系统为师生提供便捷的咨询和帮助服务，能够更好地满足师生的需求，提升满意度和幸福感。

6. 智能管理与决策支持

智慧校园通过集成各类管理信息系统和智能分析工具，实现了对校园管理的自动化、智能化和高效化。例如，通过教务管理系统实现课程安排、选课管理、成绩录入与分析等功能的自动化处理；通过数据分析工具对校园内的人、财、物等资源进行智能分析和优化配置。智慧校园能够更加科学、合理地规划和管理校园资源，提升校园的整体管理水平。

 读一读

> "码上"是北京邮电大学自主研发的智能编程教学应用平台，它凭借强大的人工智能技术，为学生提供了实时、个性化的编程学习辅导。在"码上"平台上，学生可以随时输入编程问题，并获得详尽的代码解读与问题分析，就像拥有了一位随身的编程"小达人"。该平台通过智能审题、代码分析、关键点拨、详细指导和提供正确代码五步，引导学生独立解决问题，不仅有效减轻了教师的辅导负担，还通过人机协作模式，精准解决了学生在编程学习中的困惑，显著提升了学习效率，助力高等教育向数字化、智能化转型。

三、智慧校园的发展趋势

1. 智能化教学管理

随着科技的不断发展，智慧校园中的教学管理将变得更加智能化。排课系统将不再仅仅基于传统规则，而是能够结合教师的教学风格、学生的学习进度以及教室资源智能分配。例如，利用大数据分析学生在不同学科上的学习能力，为学习能力较强的学生安排更具挑战性的课程组合，同时为需要额外辅导的学生精准匹配辅导教师和合适的学习时段。教学评价也将从传统的单一评价向多元评价转变。借助人工智能技术，学校能够全方位地收集教师教学过程中的各种数据，如课堂互动频率、学生专注度、教学内容的难易度反馈等，为教师的教学质量提供更客观、全面的评价，促使教师不断优化教学方法。

2. 校园安全智能化保障

智慧校园的发展将极大提升校园安全保障的智能化水平。视频监控系统将从简单的图像记录升级为智能分析系统。能够实时识别校园内的异常行为，如人员的突然聚集、奔跑等可能预示危险的行为，并及时发出警报。门禁系统也将更加智能化，除了传统的刷卡、指纹识别等方式，可能会采用更先进的生物识别技术，如面部识别结合学生的实时健康状态（例如体温等）检测，在保障校园安全的同时，也能有效预防传染病的传播。

3. 个性化学习体验

智慧校园将为学生提供高度个性化的学习体验。教育资源的推送将基于每个学生的学习轨迹和知识掌握情况。例如，学习管理系统能够根据学生在在线课程中的答题情况、作业完成质量，为其推送有针对性的学习资料，如相关知识点的拓展视频、练习题等。此外，虚拟现实（VR）和增强现实（AR）技术将逐渐融入课堂教学。在历史、地理等学科的学习中，学生可以通过 VR 技术身临其境地感受历史事件发生的场景或者地理环境，大大增强学习的趣味性和记忆效果。

4. 物联网技术深度融合

物联网技术将在智慧校园中得到深度融合。校园内的各种设备，从教学设备到生活设施，都将实现互联互通。教室里的智能照明系统可以根据自然光线的强度自动调节亮度，节约能源的同时为学生提供舒适的学习环境。校园内的环境监测设备也将实时采集温度、湿度、空气质量等数据，并与校园的通风、空调等系统相连接，实现自动调节，为师生创造良好的学习和工作环境。

5. 家校共育的新模式

智慧校园的发展将促使家校共育形成新的模式。家长将能够通过专门的家校共育平台实时了解孩子在学校的学习、生活情况。例如，家长可以查看孩子的课程表、作业完成情况、考试成绩，还可以观看孩子在学校活动中的视频记录。同时，家长也能够通过平台与教师进行及时沟通，共同探讨孩子的教育方案，形成家校教育合力，全方位促进孩子的成长。

> **读一读**
>
> "学在浙传"作为浙江传媒学院推动数字化转型的核心平台，实现了网络教学、在线巡课、数字资源与虚拟教研室的深度融合，并与实体教室、会议室、图书馆及数据中心无缝对接，构建了一个全方位、多场景的教学一体化生态系统。该平台不仅打破了传统学习空间的界限，使师生无论身处何地都能轻松接入学习资源，还通过智慧教室的互联互通，促进了开放融合的学习生态发展。截至2023年，已有903名教师和16893名学生活跃在"学在浙传"线上学习空间，总访问量突破2.25亿次。

活动二　云计算技术在智慧校园中的应用

云计算技术在智慧校园中的应用非常广泛，涵盖了教学资源共享、在线教育、校园管理、智能教室、大数据分析、校园安全、一卡通系统以及远程协作等多个方面。随着技术的不断进步和应用场景的不断拓展，云计算将在智慧校园建设中发挥越来越重要的作用。

一、智慧校园中的核心技术

1. 物联网技术（IoT）

物联网技术（IoT）是智慧校园建设的基石。它通过连接各类设备和传感器，如智能教室设备、安全系统、环境监测系统等，实现校园内部各个系统的互联互通。物联网技术使得校园内的各种资源得以高效整合和优化配置，为师生提供更加便捷、智能的服务体验。例如，通过智能教室设备，教师可以实时掌握学生的学习状态，调整教学策略；通过安全系统，校园管理者可以实时监控校园安全状况，确保师生安全。

2. 云计算技术

云计算技术为智慧校园提供了强大的计算和存储能力。通过云计算平台，校园内的各种数据得以集中存储和处理，实现资源的共享和高效利用。云计算技术还支持弹性扩展和按需服务，能够根据校园的实际需求动态调整计算和存储资源，满足大规模数据处理和复杂应用的需求。在智慧校园中，云计算技术被广泛应用于教学资源管理、学生信息管理、教务管理等多个领域，提升了校园管理的智能化水平。

3. 大数据分析技术

大数据分析技术是智慧校园实现数据驱动决策的关键。通过对校园内各种数据的收集、分析和挖掘，大数据分析技术能够为校园管理者提供科学的决策支持。例如，通过对学生学习行为数据的分析，可以发现学生的学习规律和潜在问题，为教学改进提供依据；通过对校园安全数据的分析，可以预测和预防潜在的安全风险，保障校园安全。大数据分析技术还支持个性化推荐和智能预警等功能，为师生提供更加精准、个性化的服务。

4. 人工智能技术

人工智能技术为智慧校园带来了更加智能、自主的服务体验。通过机器学习、自然语言处理等技术，人工智能技术能够实现智能客服、智能推荐、智能评估等功能。例如，智能客服系统可以自动回答师生的咨询问题，减轻人工客服的压力；智能推荐系统可以根据师生的兴趣和需求推荐个性化的学习资源和服务；智能评估系统可以对学生的学习成果进行自动评估，提高评估的准确性和效率。

5. 5G 通信技术

5G 通信技术为智慧校园提供了更加高速、稳定的网络连接。相比传统的 4G 网络，5G 网络具有更高的传输速率、更低的延时和更强的连接能力。这使得智慧校园中的各类设备和传感器能够实现更加高效的数据传输和交互，支持大规模并发连接和高清晰度视频传输等应用。例如，通过 5G 网络，智慧校园可以实现远程互动课堂、高清视频会议等应用场景，提升教学的互动性和沉浸感。

6. 虚拟现实（VR）、增强现实（AR）和混合现实（MR）技术

虚拟现实（VR）、增强现实（AR）和混合现实（MR）技术为智慧校园带来了更加丰富、生动的教学体验。这些技术可以模拟真实或虚构的环境和场景，使学生能够在互动性强、趣味性高的环境中探索知识。例如，通过 VR 技术，学生可以身临其境地参观历史遗址或进行科学实验；通过 AR 技术，学生可以在现实环境中叠加虚拟信息，增强学习的直观性和趣味性；通过 MR 技术，学生可以在虚实结合的环境中进行学习和创作。

未来，智慧校园将更加注重数据的深度挖掘和分析，为教育教学提供更加精准的支持；同时，智慧校园还将不断拓展其功能和服务范围，如智慧图书馆、智慧体育馆等，为学生提供更加全面、便捷的学习和生活环境。

📖 读一读

在福州三中滨海校区，VR 技术正被创新性地应用于教学之中，为学生们带来前所未有的沉浸式学习体验。通过戴上 VR 眼镜（图 1-4），学生们能够瞬间"穿越"至浩瀚宇宙，近距离观察八大行星的真实状态，或是潜入海底探索深海食物链的奥秘，甚至重返远古时代，亲眼见证恐龙的生存与演变。这种身临其境的教学方式，不仅让书本上的知识变得生动有趣、触手可及，更极大地激发了学生们的学习兴趣和探索欲望。此外，VR 技术还被用于虚拟实验，使学生能够在安全的环境下进行实验操作，提升了实践能力。

图 1-4　学生带上 VR 眼镜学习

二、云计算技术应用于智慧校园的优势

1. 成本效益

（1）减少硬件设施投资

在传统的校园信息化建设中，需要购置大量的服务器、存储设备等硬件来满足教学管理、资源存储等需求。采用云计算技术，学校可以租用云计算服务提供商的计算资源和存储资源，无须自行构建庞大的数据中心。例如，对于一所规模较大的综合性大学，原本建设和维护自己的数据中心可能需要投入数千万甚至上亿元的资金用于购买服务器、网络设备、机房建设等，而使用云计算服务，只需按使用量付费，大大降低了前期的硬件投资成本。

（2）降低维护成本

硬件维护方面，云计算服务提供商负责服务器、存储设备等硬件的维护、升级和管理。

学校无须配备专业的硬件维护团队，减少了人力成本。同时，软件维护也变得更加简便。例如，云计算平台上的操作系统、数据库管理系统等软件的更新和维护由提供商负责，学校只需要使用更新后的功能即可。与传统模式下学校需要自行维护复杂的软件系统相比，大大降低了软件维护的难度和成本。

2. 数据安全与可靠性

（1）数据备份与恢复

云计算服务提供商通常拥有专业的数据备份和恢复系统，会在多个数据中心对用户数据进行备份，防止数据丢失。例如，在遇到自然灾害、硬件故障等突发情况时，云计算平台可以迅速从备份数据中恢复学校的教学资源、学生信息等重要数据。以某学校的在线课程平台为例，如果本地服务器发生故障导致课程资源丢失，云计算平台可以在短时间内从备份中恢复这些资源，确保教学活动的正常进行。

（2）安全防护

云计算提供商具备强大的安全防护技术和专业团队，采用防火墙、入侵检测系统、加密技术等多种手段来保护数据安全。对于智慧校园中的敏感数据，如学生的成绩、教师的科研成果等，云计算平台可以提供高级别的安全防护。例如，通过加密技术对数据进行加密传输和存储，即使数据在传输过程中被窃取，窃取者也无法获取有效信息。

3. 提升校园整体协作效率

（1）促进不同部门之间的信息共享

在智慧校园中，教务处、学生处、后勤部门等不同部门之间需要共享大量的信息。云计算技术提供了统一的数据存储和共享平台。例如，教务处可以将课程安排信息存储在云端，后勤部门可以获取这些信息来合理安排教室的清洁和维护工作；学生处可以共享学生的基本信息，便于各部门根据这些信息开展相应的工作，避免了信息孤岛现象，提高了部门之间的协作效率。

（2）教师、学生、家长之间的互动增强

云计算技术支持的在线教育平台和校园管理系统可以方便教师、学生和家长之间的沟通与互动。教师可以通过云端平台发布作业、教学资源和学生的学习情况反馈；学生可以随时随地获取学习资料并提交作业；家长也可以通过相关平台了解孩子的学习进度和在校表现。例如，家长可以通过手机应用登录云端的家校通平台，查看孩子的考试成绩、考勤情况等，

从而更好地参与孩子的教育过程，提高了教育教学过程中的整体协作效率。

三、云计算技术在智慧校园中的典型应用场景

1. 教育资源共享与优化配置

目前，云计算技术已经为智慧校园提供了强大的资源共享平台，各类教学资源得以统一管理和高效访问，资源的共享将更加便捷和高效。学校可以通过云端平台，将优质的教育资源推送给更多的学生，实现资源的优化配置。同时，云计算技术还可以支持跨地域的教育资源共享，促进教育公平。

2. 在线教育与个性化学习

随着云计算技术的深入应用，在线教育将更加普及和个性化。学校可以收集学生的学习数据，分析学生的学习习惯和需求，提供个性化的学习建议和资源，有助于提高学生的学习兴趣和效果。

3. 校园管理智能化

随着云计算技术的不断成熟，校园管理将更加智能化，可以实现对校园内各种资源的实时监控和调度，提高资源利用率。同时，云计算技术还可以支持校园安全监控、环境监控等应用，保障校园的安全和舒适。

4. 数据分析与决策支持

随着大数据和人工智能技术的融合应用，云计算在智慧校园中的数据分析能力将进一步提升。学校可以通过云端平台收集和分析更多的数据，如学生的学习数据、教师的教学数据等，为教育决策提供更加全面和精准的支持。

5. 推动智慧校园创新发展

云计算技术将推动智慧校园向更高水平迈进。例如，通过云计算技术，学校可以构建更加智能化的教学环境，如智能教室、虚拟实验室等；同时，云计算技术还可以支持校园内各种创新应用的开发和部署，促进教育模式的深刻变革。

✉ **读一读**

　　生物信息技术飞跃发展，人脸识别已经被广泛应用于人们的生活中，例如门禁、消费、设备登录、个体识别等。成都某中学食堂推出校园刷脸智慧校园方案（图1-5），切实解决学生吃饭排队时间长、饭卡丢失、充值麻烦等问题。

　　该系统采用人脸识别，无忘卡、丢卡、外借、盗刷、复制等风险，安全可靠；付款采用微信代扣，无须充值排队；消费信息推送至家长，数据透明，可即时查询学生校园消费明细；一键导出报表，方便财务记账；能实现自动化、智能化管理，有效降低管理成本。

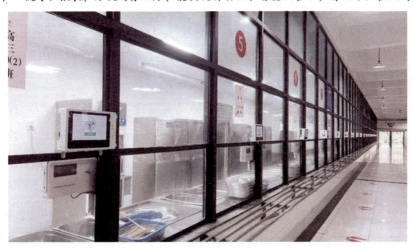

图 1-5　智能化食堂

『学习延伸』

长阳土家族自治县借助数字化推动山区教育革新

　　在雄伟的武陵山脉中，湖北省宜昌市长阳土家族自治县以其秀丽的自然风光和深厚的民族文化而闻名。然而，对于教育工作者来说，这片山区也曾带来不小的挑战。如今，随着数字技术的快速发展，长阳的教育领域也正在经历一场前所未有的变革。

　　走进龙舟坪镇津洋口幼儿园，你会被这里的"新朋友"——晨检机器人所吸引。这位机器人朋友以其高效、准确的工作方式赢得了孩子们和老师们的喜爱。每天清晨，孩子们都会快乐地与机器人互动，短短几秒内，机器人就能完成体温、手部卫生、身高、体重等多项检测，并将这些数据实时传送到云端进行分析和存储。这不仅大大减轻了老师的工作压力，也为家长提供了更个性化、科学化的育儿建议。

　　在长阳土家族自治县的各所中小学校，数字技术的应用更是深入教育管理的方方面面。

校园内安防监控的全覆盖，使得学校能够实时监控校园安全情况，及时发现并处理各种安全隐患。线上管理平台的建立，让学校能够更加方便地管理学生的出勤、作业、考试等信息，大大提高了工作效率。同时，数字技术还为学生提供了更加丰富多样的学习资源和学习方式。无论是课堂上的多媒体教学，还是课后的在线辅导，都让学生感受到了数字技术的便捷与高效。

除了在日常教学和管理中的应用，数字技术还在促进教育公平方面发挥了重要作用。在长阳，许多偏远山区的学校由于师资力量薄弱、教学资源匮乏，难以提供高质量的教育。然而，通过数字化实施的"三个课堂"——专递课堂、名师课堂、名校网络课堂，这些学校的学生也能够享受到与城镇学生同等优质的教育资源。在资丘小学，孙老师通过直播专递课，将美术的魅力传递给了远在火烧坪乡的孩子们。这种远程教学模式不仅让山里的孩子们感受到了美育的快乐，也让他们看到了更加广阔的世界。

当然，数字校园建设的成果远不止于此。在心理健康领域，长阳土家族自治县建立了全县师生心理测评系统，通过大数据分析及时发现并干预师生的心理问题，为他们的身心健康保驾护航。在食堂管理方面，通过推进"阳光餐饮＋智慧监管"的校园食堂监管模式全覆盖，实现了校园食品的智慧管理，确保了学生们的饮食安全。

长阳土家族自治县的数字校园建设不仅为当地教育装上了发展的加速器，更为全国其他类似地区提供了可借鉴的经验。而这，正是数字时代赋予教育的无限可能与希望。

任务三　体验"无影"云电脑

『学习情境』

2020年9月17日，阿里云命名为"无影"的第一台云电脑在云栖大会上被展示出来。这是一台"长"在云上的"超级电脑"，它没有电脑主机，也看不见CPU和硬盘，只需通过一张名片大小的C-Key连接到显示器上，用户便可随时随地以指纹ID接入云电脑服务，轻松访问各种文件，使用各种应用，如进行设计建模、动画渲染等操作。下面，让我们一起来试用一下阿里云电脑"无影"。

『学习目标』

1. 了解云电脑的概念；
2. 了解云电脑的优势和目前的缺陷；

3. 体验云电脑"无影"的使用。

活动一　认识云电脑

随着云计算技术的快速发展，云电脑作为一种新型的计算模式，正逐渐改变我们的工作和生活方式。云电脑是一种基于云计算技术的虚拟化计算资源，通过将物理服务器资源进行虚拟化，形成了一个动态、可扩展的计算资源池。用户可以通过互联网远程访问云电脑，进行各种操作，如办公、设计、开发等，极大地提升了计算资源的灵活性和使用效率。

一、云电脑的核心技术

云电脑的核心技术主要包括虚拟化技术、云计算技术、网络技术和存储技术等。

1. 虚拟化技术

虚拟化技术通过将物理硬件资源（如 CPU、内存、存储等）抽象成逻辑资源池，实现了资源的动态分配和高效利用，不仅提高了资源的利用率，还使得不同的应用程序和服务能够在同一物理平台上独立运行，互不干扰。

2. 云计算技术

云计算技术可以将大量的物理服务器资源进行整合，形成一个动态、可扩展的计算资源池。用户可以通过互联网访问这些计算资源，按需使用，实现计算资源的弹性扩展，为用户提供高可用性、高可靠性的计算服务。

3. 网络技术

云电脑的运行离不开稳定的网络连接。用户通过互联网远程访问云电脑，因此需要保证网络的稳定性和足够的带宽，还需要实现数据的加密传输和安全性保障，确保用户数据在传输过程中的安全。

4. 存储技术

用户在虚拟机上操作的数据都会被存储在云端的存储设备中，可以实现数据的集中管理、备份和恢复等功能，保障数据的安全性和可靠性。云存储技术作为云计算中数据存储和管理的关键技术，采用分布式文件系统、数据冗余备份、数据加密等技术手段，实现了数据的可靠存储和高效访问。

5. 分布式计算

分布式计算是将一个大型的计算任务分解成多个小任务，分配给网络中的多个计算节点同时处理，最后将结果汇总返回，大大提高了计算效率和系统的可扩展性。

6. 自动化管理

自动化管理技术通过预设的规则和策略，实现了资源的自动调度、故障的自动检测和修复以及服务的自动扩展和缩减等功能，极大地减轻了运维人员的工作负担。

7. 云安全技术

云安全技术涵盖了身份验证、访问控制、数据加密、安全审计等多个方面，保护云计算环境中的数据和应用程序免受未经授权的访问和恶意攻击。

二、云电脑的主要应用场景

云电脑的应用场景广泛，涵盖了教育、企业办公、游戏娱乐、设计制图等多个领域。

1. 教育行业

云电脑可以为学生和教师提供便捷的在线学习和工作环境，实现在线教育、资源共享等功能。教育机构可以利用云电脑提供远程教育和培训服务，学生可以在本地设备上使用云端的高性能计算资源和存储空间。可以降低教育机构的 IT 设备和维护成本，通过远程教学和在线考试等教学活动，减少运营费用。可以让教师和学生进行远程互动和协作，提高教学效率。通过云电脑，教师可以更好地进行教学管理和评估学生学习情况，推动教学质量的提升。

2. 企业办公

用户可以在手机或平板上使用云电脑，随时随地进行办公，不受时间和地点限制。云电脑支持多种终端设备接入，且设备间可跨屏协同，提高了工作效率和协作能力。通过云电脑，企业可以快速构建高性能、高安全、低成本的新型办公体系，简化办公流程，实现降本增效。

3. 游戏娱乐

用户可以在云电脑上畅玩大型游戏，无须购买高性能的游戏设备。云电脑通过云端服务器的高性能计算集群，为玩家提供流畅的游戏体验。支持多种终端设备接入，玩家可以在手机、平板、电脑等多种设备上畅玩同一款游戏，实现跨平台游戏。

4. 设计制图

3D 设计、视频剪辑等复杂任务需要消耗大量的计算资源。云电脑通过云端服务器的高性能计算集群，为设计师提供了强大的计算支持。云端存储和共享功能可以将设计资源集中管理，实现多设备之间的无缝衔接和实时同步。设计师可以随时随地访问和使用这些资源，提高了工作效率和协作能力。

总之，云电脑凭借其灵活性、安全性、高性能和低成本等优势，在各行各业中得到了广泛的应用。随着技术的不断发展和完善，云电脑的应用场景将会越来越丰富和深入。

三、云电脑的优势与挑战

云电脑是一种基于云计算技术实现的计算模式，它将计算任务和数据存储转移到远程服务器上，用户只需通过互联网连接就能随时随地访问自己的数据和应用。

1. 云电脑的优势

云电脑可以随时随地访问，用户只需一个小巧的显示屏或终端设备，如手机、平板、轻薄本等，通过网络连接到云端服务器即可使用，不受时间和地点的限制。云电脑的数据存储在远程服务器上，可以有效防止数据泄露和丢失。同时，云服务商通常会提供数据备份和安全保障，如数据加密、访问控制等，有效防止病毒和恶意软件的攻击，确保用户的数据安全。

云电脑采用按需付费的模式，用户只需支付自己所使用的计算资源和存储空间，无须购买昂贵的硬件设备和软件许可证，降低了硬件成本。同时还可以降低软件成本和维护成本，因为操作系统和应用程序由服务商进行维护和管理，用户无须担心系统更新、病毒防护等问题。

云电脑可以实现资源共享和协作，多个用户可以共享同一台服务器资源，提高了资源利用率。支持多人同时访问和编辑文件，提高了工作效率。可以实现远程管理和监控，企业可以统一管理员工的电脑设备和数据，减少维护和管理成本。此外，云电脑还可以提供多种操作系统和应用程序的组合，满足用户的个性化需求。

云电脑可以提供强大的计算能力和存储空间，用户可以通过云端进行大规模数据处理、科学计算等任务，大大提高了工作效率。例如，云电脑可以用于 3D 建模、视频编辑、游戏开发等高性能计算场景。

2. 云电脑的挑战

云电脑需要稳定的网络连接才能正常运行。一旦网络出现问题，用户可能无法访问云电脑，导致工作和学习受到影响。尽管云电脑提供了多种安全机制来保护用户数据，但数据存储在云端服务器上仍然存在被黑客攻击或泄露的风险。同时，受到网络带宽和服务器性能的限制，云电脑可能无法提供和本地设备一样的性能表现，特别是在网络拥堵或服务器负载较高的情况下，用户可能会遇到延迟或卡顿等问题。若云电脑服务提供商出现问题或倒闭，用户可能会面临数据丢失和服务中断的风险。

活动二　体验"无影"云电脑

第一步　访问阿里云网站

打开浏览器，输入网址"www.aliyun.com"，在左上菜单栏中找到"产品"，单击进入下拉菜单，选择"弹性计算"，在弹性计算菜单中找到"无影云电脑"，单击进入，如图1-6所示。

图1-6　进入阿里云官网

第二步　创建工作区

选定硬件配置后进入购买页面，根据硬件配置不同，云电脑的价格从200 ~ 2000元/月不等，用户可根据对硬件配置的要求购买使用。当用户购买好云电脑服务后，就可以开始创建工作区了，如图1-7所示。

单击便捷账号

选择"地域"

设置工作区名称

设置网段

设置网络连接方式

单击配置账号系统

单击立即创建工作区

图 1-7　创建工作区

第三步　创建便捷用户

登录无影云桌面控制台，在顶部菜单栏左上角处，选择地域；在左侧导航栏，单击用户管理；在用户管理页面，单击创建用户；在手动录入页面下，输入用户名和邮箱，单击创建用户；如图 1-8 所示。

输入用户名、邮箱、手机号

单击创建用户

图 1-8　创建用户

第四步　创建云桌面

登录无影云桌面控制台，在顶部菜单栏左上角处，选择地域；在左侧导航栏，选择云桌面管理→桌面管理；在云桌面管理页面，单击创建云桌面；在云桌面管理页面，可以查看新创建的云桌面；当云桌面的状态由等待中变为运行中，表示云桌面创建成功；如图 1-9 所示。

图 1-9　创建云桌面

第五步　连接云桌面

1. 获取客户端和登录所需信息

创建云桌面并分配给便捷用户后，系统将发送云桌面使用说明邮件到便捷用户的邮箱。邮件中包含客户端获取链接和登录所需信息（工作区 ID、网络接入方式、用户名、初始密码等），以及相关使用说明。

2. 登录客户端并连接云桌面

以 Windows 软件终端为例，操作步骤如下。

在本地 PC 上下载并安装客户端。双击 打开客户端。在登录配置页面，输入工作区 ID 和密码并选择网络接入方式，单击下一步。网络接入方式保持默认，不选通过企业专网接入，即表示采用公网接入，如图 1-10 所示。

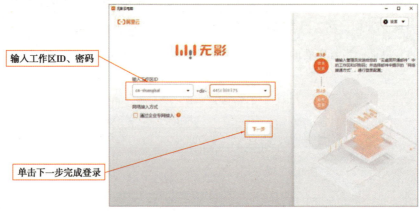

图 1-10　云电脑客户端

单击连接以后，就可以正常使用云电脑了，如图 1-11 所示。

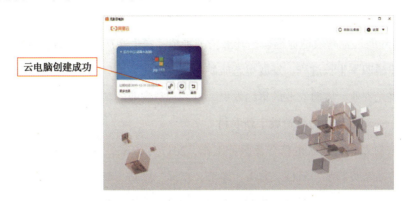

云电脑创建成功

图 1-11　使用云电脑

『学习延伸』

物联网、大数据、云计算……新技术赋能助力乡村振兴

　　一场大雪之后，中国移动重庆公司网络工程师刘兵开始了新一轮以偏远农村为重点的通信信号巡检工作，位于武夷山深处的彭水县普子镇大龙桥村是本次巡检的重点区域之一。

　　大龙桥村只是中国移动重庆公司落实"网络 +"扶贫，助力乡村振兴的一个缩影。依托农村网络建设和物联网、大数据、云计算等新技术的应用实践，中国移动重庆公司将网络与信息技术同农业农村现代化转型相结合，不断巩固脱贫攻坚成果，加快推动农业升级、农村进步、农民发展，奏响助力乡村振兴的"三重奏"。

　　强农业——新技术赋能"智慧农具"新发展

　　"散居在山脚下的十多户人家，通信全靠半山腰上的这座移动基站。今年春节，这里留守的老人和孩子很可能只能通过手机联系亲人。今天巡检完成了，网络信号没问题，能确保村民们过个好年。"刘成兵表示，春节前正在加强对偏远农村地区的网络建设和优化，确保农村地区老百姓的通信畅通。

　　5G 时代，农业耕种变得更加便捷，农场将布满传感器，各类农业机器和应用平台自动进行农业数据的收集和处理，农民只需在计算机或手机上查看农作物的生长情况数据，一键做出相应操作。

　　在忠县，中国移动重庆公司联合中国移动（成都）研究院打造的三峡橘乡田园综合体项目，成为全国首批、三峡库区和重庆市唯一的国家级田园综合体试点项目，同时也是全国唯一以柑橘为主导产业的国家级田园综合体。

该项目相关负责人介绍，该田园综合体以柑橘产业为基础主导产业，运用 5G、物联网、大数据等新技术，依托智慧农业综合平台，在园区管理上实现远程调度；在生态康养上，利用 5G 无人机开展远程高效植保巡检，开展精准种植；在生态产业上，通过"5G+VR"技术沉浸式体验柑橘四季生长过程，发展生态旅游。该田园综合体以农业产业园区的方式，加快循环农业、观光农业、体验农业的集约发展，打造智慧农业的新业态。

美乡村——新平台助力打造数字新农村

为推进农村及偏远地区电信普及服务工作，2017 年以来，重庆移动持续加大农村网络资源投入，主动牵头彭水、石柱、秀山、奉节、巫溪、忠县、綦江、涪陵、云阳 9 个区县的电信普及服务试点项目，累计建设农村基站 5 万多个，实现了全市所有行政村的 4G 网络全覆盖，宽带网络覆盖 6900 个行政村。

"没想到，咱家门口这么快就安装好摄像头了，在外地打工也能随时随地查看家里的情况，太实用了。"开州竹溪镇灵泉村在外务工的村民小王通过手机，看到母亲正在院坝里晒衣服时高兴地说。

2020 年 10 月，灵泉村成为中国移动在重庆建设的首个"平安乡村"示范村。依托中国移动"移动看家"家庭安防视频云平台，实现了乡村公共区域卡口和道路监控管理，在看家护院、果园农场、鱼塘水库等场景实现远程监控，对监测到的异常情况实时告警，打造全方位、全天候、立体化的农村科技防范体系，协助提升乡镇综合治理能力。

截至目前，中国移动重庆公司已建设超 200 个"平安乡村"示范村，超 5 万农村用户感受到数字新农村带来的幸福感和安全感。

富农民——新服务"授人以渔"促就业

家住奉节县竹园镇的大学毕业生肖威来自建档立卡贫困家庭，因父亲丧失劳动能力，肖威急需一份稳定的工作和收入。在奉节县政府的支持下，中国移动重庆公司联合中移铁通有限公司发布招聘公告，定向招聘贫困户销售人员和智慧家庭工程师，并对成功应聘人员实行培训、上岗、增收等就业帮扶政策。肖威应聘成功后，通过自身努力和帮扶政策，拥有了稳定可观的工资，家庭贫困的情况得到了较大的改变。

像肖威这样的就业帮扶受益人还有很多，中国移动重庆公司通过打造的 9000 余个益农信息社站点，面向农民提供产销对接、法律援助、招工就业、农技培训、金融保险等公益、便民、电商、培训服务，帮助农民就业增收，脱贫致富。去年，益农信息社共计促成农产品产销对接 1.05 亿元，发布 1.2 万个岗位信息，促成贫困户意向就业近 4000 人，实现变扶贫"输血"为"造血"。

项目二 大数据与智能交通

任务一 认识大数据技术

『学习情境』

    2020 年，我国取消了省界收费站，大力推行 ETC 不停车电子收费系统（图 2-1）。湖南高速集团推出了"AI 收费核查创新方案"，通过 AI 大数据分析，实现车辆路径还原、以图查图、车辆异常分析等服务，能快速识别车辆偷逃费行为，并形成完整的证据链。该方案能够准确地识别车辆特征，实时获取车辆信息，并将这些信息上传到云端，经过资料收集、计算，完成在线收费闭环，准确打击偷逃收费行为。

    那么，什么是大数据技术呢？

图 2-1 高速 ETC 不停车电子收费系统

『学习目标』

    1. 了解大数据的概念、特征及功能；

    2. 理解大数据的主要技术类型及应用；

    3. 能发现大数据技术在日常生产、生活中的应用。

『学习探究』

活动一　认识大数据

1. 大数据的概念

随着互联网技术的快速发展，人们在日常生产生活中使用的网络、手机等各类智能设备，每天都在不停地产生种类繁多、形式各异的大量新的数据。大数据是指规模巨大、类型复杂多样，在获取、存储、管理、分析方面大大超出了传统数据库软件工具能力范围的数据集合。它需要新的处理模式才能具有更强的决策力、洞察发现力和流程优化能力，是一种海量的、高增长率和多样化的信息资产，具有大量、高速、多样、低价值密度、真实等特点。

> ✉ **读一读**
>
> 全球某零售业巨头在对消费者购物行为进行分析时发现，男性顾客在购买婴儿尿片时，常常会顺便搭配几瓶啤酒来犒劳自己，于是尝试推出了将啤酒和尿布摆在一起的促销手段。没想到这个举措居然使尿布和啤酒的销量都大幅增加了。如今，"啤酒＋尿布"的数据分析成果早已成了大数据技术应用的经典案例，被人们津津乐道。

2. 大数据的主要特征

（1）体量大

大数据的体量巨大，这是其最显著的特征之一。随着信息技术的快速发展，数据的生成和收集能力不断增强，导致数据量呈爆炸性增长。大数据的体量通常超出了传统数据库管理系统的处理能力，需要使用分布式存储和计算技术来处理。数据量的单位已经从 GB、TB 扩展到了 PB、EB 甚至 ZB 级别，这种规模的数据需要强大的存储和处理能力来支持。

（2）类型多样

大数据的类型多样，包括结构化数据、半结构化数据和非结构化数据。结构化数据是指具有固定格式和字段的数据，如关系型数据库中的表格数据；半结构化数据是指具有一定结构但格式不固定的数据，如 XML 文件；非结构化数据则是指没有固定格式和字段的数据，如文本、图片、视频、音频等。大数据的多样性要求数据处理技术能够灵活地处理不同类型的数据，并从中提取有价值的信息。

读一读

　　推荐算法是计算机专业中的一种算法，它通过一些数学算法，推测出用户可能喜欢的东西。"在购物 App 搜过一款相机后，主页上相关产品的推荐就没断过，不同品牌、不同价位的产品涌来，让人看花了眼。"参加工作不久，小李打算买个相机，没想到一次搜索却让相关广告"侵入"了他的常用 App。"感觉自己的生活被暗中窥视。"这让小李不堪其扰。广告推荐为何无孔不入？刷短视频咋就停不下来？这些按照个人偏好精确化推送的商品、视频背后，离不开平台推荐算法的精心计算。作为一种帮助实现用户与信息快速精确匹配的技术手段，推荐算法如今已广泛运用于电商、社交、内容资讯等众多互联网领域。

3. 处理速度快

　　大数据的处理速度要求快，因为大数据通常是在实时或近乎实时的情况下生成的。例如，社交媒体上的用户行为数据、物联网设备产生的传感器数据等，都是以极快的速度生成的。这就要求大数据处理系统具备高速的数据采集、传输、处理和分析能力，能够快速响应，实时地处理和分析数据，以支持及时的决策和行动，满足实时应用的需求。

4. 价值密度低

　　大数据的价值密度相对较低，但总体价值高。虽然大数据中包含了大量的信息，但其中有价值的信息往往只占很小的一部分。这就需要通过深度分析和挖掘来发现和利用这些有价值的信息。大数据的价值体现在其能够提供对业务、社会、科学等领域的深入洞察和预测能力。通过大数据技术，可以从海量数据中提取出有用的信息和知识，为决策提供支持，推动业务创新和发展。

读一读

　　全面推动乡村振兴，离不开农业的现代化。借助人工智能、物联网、大数据等新技术，传统农业"靠天吃饭"的生产方式正悄然改变。在安徽宿州某智慧农业示范基地的蔬菜大棚内，通过物联网设备提供的气温、土壤湿度等大数据，对比往年资料，就能智能判断出病害发生的概率，从而采取有针对性的措施，做到未雨绸缪，减少损失。

　　除了上述特征外，大数据还具有其他一些特征，如真实性（Veracity）和复杂性（Complexity）等。真实性指的是数据的质量和准确性，大数据中可能存在噪声、错误和冗余信息，因此需要对数据进行清洗和预处理以提高其真实性。复杂性则体现在大数据的来源多样、格式各异以及数据量巨大等方面，这增加了数据处理的难度和复杂性。

 读一读

　　你被大数据杀熟了吗？随着数据竞争日趋白热化，"大数据杀熟"也迭代升级，买机票、订外卖、订酒店等在线业务，早已经成为消费者的"踩雷"重地。据报道，北京的韩女士使用手机在某电商平台购物时，中途错用了另一部手机结账，却意外发现，同一商家的同样一件商品，使用注册已 12 年、经常使用、总计消费近 26 万元的高级会员账号购买，反而比注册 5 年多、很少使用、总计消费 2400 多元的普通账号贵了 25 块钱。

活动二　大数据的相关技术

　　大数据是人类社会信息化快速发展的产物。通过硬件设备与互联网络，人类可以快速地获取或分享海量优质的数据信息。这些数据信息可以满足不同行业、不同企业及个人的需求。但是面对如此庞大的数据，如何通过筛选，把冗余的、与研究无关的数据都去除掉，将数据量变薄，这就是大数据技术研究的内容。

　　大数据技术涉及的技术领域主要包括：传感器、计算网络、数据存储、集群式计算系统、云计算设施、人工智能、数据可视化等。从大数据的生命周期来看，大数据感知和采集、大数据预处理、大数据存储、大数据分析挖掘这四个方面共同组成大数据生命周期里最核心的技术。

一、大数据感知和采集

　　互联网技术的快速发展使各类数据信息量均呈几何式增长，大数据技术首先需要收集这些庞大的数据信息量。大数据感知和采集技术通过 Web 信息系统、管理系统、物理信息系统、科学实验等实现对各种数据的便捷、高效收集。

　　大数据的来源范围十分广泛，各类传感器、互联网（手机、各类移动终端等）、物联网（RFID、摄像头）等都是大数据采集和感知的来源。中国工程院院士李德毅认为，大数据的主要来源有三方面：自然界的大数据、生命和生物的大数据、社交大数据。移动互联网时代的大数据来源主要是网络环境下的非结构化数据，这些非结构化数据往往是低价值、碎片化、强噪声、异构和冗余的。具体到某个领域，数据的感知采集方法是不同的。以网络安全领域为例，数据采集方法就包括了网络探针、ICMP 消息、SNMP、Web 日志、IDS/IPS 日志、VPN 日志、防火墙日志、抓包数据、路由器日志等。

从目前大数据分析及研究的重点来看，主要研究对象集中在社交大数据和自然界的大数据。社交大数据来源于人类社会活动产生的各种数据，其载体主要是互联网。而自然界的大数据主要是机器与机器交互之间产生的数据，如各类传感器产生的数据、网络日志、RFID、GPS 数据等，自然界的大数据主要依靠各类传感器来采集。未来在数据感知和采集领域的技术方向包括：可穿戴式应用、医疗和健康监测、工业控制、无人驾驶、智能家居、智能交通控制等方面。

 读一读

　　在 1890 年之前，美国的人口普查数据主要依靠人工统计，由于当时美国人口流动频繁且数量庞大，这种统计方式耗时耗力且效率低下。例如，1880 年的美国人口普查就用了整整七年的时间才完成。1890 年，美国人口普查局采用了赫尔曼·何乐礼发明的打孔卡制表机进行数据统计。这一创新技术的应用取得了显著成效，仅用了 6 周的时间就完成了原本需要数年才能完成的统计工作。这一事件标志着半自动化数据处理系统时代的开启。

二、大数据预处理

大数据预处理指的是在进行数据分析之前，对所收集的数据进行格式上的处理，将其处理成统一的格式并分类。如对采集到的原始数据进行"清洗、填补、平滑、合并、规格化、一致性检验"等一系列操作，目的是提高数据的质量，为后期分析工作奠定基础。数据预处理主要包括四个部分：数据清洗、数据集成、数据转换、数据规约。

1. 数据清洗

数据清洗是指利用数据工具，对有遗漏的数据（缺少感兴趣的属性）、噪声数据（数据中存在着错误或偏离期望值的数据）、不一致的数据进行处理。

2. 数据集成

数据集成是指将不同数据源中的数据，合并存放到统一数据库的存储方法，主要包括模式匹配、数据冗余、数据值冲突检测与处理。

3. 数据转换

数据转换是指对所抽取出来的数据中存在的不一致进行处理的过程。它同时包含了数据清洗的工作，即根据业务规则对异常数据进行清洗，保证后续分析结果准确性。

4. 数据规约

数据规约是指在最大限度保持数据原貌的基础上，精简数据量，以得到较小数据集的操作，包括：数据立方体聚合、减少维度、数据压缩、数值规约、概念分层等。

 读一读

　　某大厦电力数据挖掘得到的数据情况为：238 个房间每一天的用电数据，工作日是 256 天，计算其单日用电量。基于这个数据，这里涉及的一项工作便是计算空置率，空置率的计算对经济预测，尤其是微观经济的洞察和宏观经济的研判具有很强的现实意义。可以看到，这里空置房间的标准是经过大量数据计算出来的。除此之外，还可以精确预测每个房间的总体用电情况，由此来推导在房间中办公的人数。

三、大数据存储

完成数据采集之后，通过数据存储技术，可以集中存储海量数据。在大数据技术中，可以采用数据库形式存储采集到的数据信息。

1. 新型数据库集群

新型数据库集群是指将多个数据库服务器连接在一起，形成一个逻辑上的单一数据库系统，以提供比单个数据库服务器更高的可用性和可扩展性。它利用集群技术，将多个数据库实例（节点）组合成一个整体系统，共同处理数据和请求。它具有低成本、高性能、高扩展性等特点，在企业分析类领域有着广泛的应用。与传统数据库相比，新型数据库集群具有高达 PB 级的数据分析能力，有着显著的优越性，逐渐成为企业新一代数据仓库的最佳选择。

2. 分布式计算平台 Hadoop

简单来说，Hadoop 是一个能够对大量数据进行分布式处理的软件框架。它允许用户在不了解分布式系统底层细节的情况下，轻松地在由大量计算机组成的集群中处理海量数据。Hadoop 就像是一个超级强大的计算器，能够处理比单台计算机所能处理的数据量还要大得多的数据。Hadoop 善于处理非结构化、半结构化数据，主要针对传统关系型数据库难以处理的数据和场景（即非结构化数据的存储和计算等）。

3. 大数据一体机

大数据一体机是一种集成大数据处理能力的硬件设备。它不仅仅是一台简单的计算机，而是一个包含了服务器、存储设备、网络设备、操作系统、数据库管理系统以及一系列为数据查询、处理、分析而特别优化和预安装的软件的综合体。大数据一体机通过标准化的架构，将所有这些组件紧密地集成在一起，形成了一个高效、稳定、可靠的数据处理平台，为各行各业提供了强大的数据处理能力。它不仅能够提高数据处理的效率和准确性，还能够帮助企业和组织更好地利用数据资产进行决策和分析。

四、大数据分析挖掘

大数据分析挖掘是指从庞大的数据信息中，通过一些与统计学相关的算法与计算机信息处理技术等手段，找出对使用者有用或感兴趣的信息。大数据分析是大数据技术领域最核心、最关键的部分。通过大数据分析的结果，可以揭示许多不为人知的有价值的规律和结果，并利用这些规律和结果辅助人们进行更为科学和智能化的决策。

 读一读

> 谷歌，作为全球最大的搜索引擎公司之一，每天处理着数以亿计的搜索查询。这些搜索查询中蕴含着丰富的信息，包括人们的健康状况、兴趣爱好、时事关注等。谷歌利用其强大的数据处理能力，开发了一系列基于搜索数据的应用，其中最为人瞩目的便是"谷歌流感趋势预测"。谷歌的工程师们发现，当流感季节来临时，人们会在搜索引擎中搜索与流感相关的症状、治疗方法等信息。这些搜索查询的频率和模式与流感的实际传播情况存在着密切的关联。基于这一发现，谷歌开发了一套算法模型，该模型能够实时分析全球范围内的流感相关搜索查询数据，并据此预测流感的传播趋势和地域分布。这不仅能够帮助公共卫生机构及时了解流感的传播情况，还能够为医疗资源的调配和防控措施的制定提供重要参考。

大数据分析挖掘是从可视化分析、数据挖掘算法、预测性分析、语义引擎、数据质量管理等方面，对杂乱无章的数据，进行萃取、提炼和分析的过程。

1. 可视化分析

可视化分析是指借助图形化手段，清晰并有效传达与沟通信息的分析手段。可视化分析主要应用于海量数据的关联分析，借助可视化数据分析平台，可以对分散异构数据进行关联分析，并作出完整分析图表。可视化分析就像是一位神奇的魔术师和耐心的导游，把复杂的数据变成一场华丽的视觉盛宴，并带领你探索数据的奥秘和规律。

2. 数据挖掘算法

数据挖掘算法是指从大量的、不完全的、有噪声的、模糊的、随机的数据中，通过算法搜索隐藏于其中信息的过程。数据挖掘算法结合了统计学、机器学习、人工智能和数据库系统等多个领域的技术，旨在发现数据中的模式、趋势和关系，以便预测未来的发展和做出决策。数据挖掘算法就像一个在数据海洋里寻宝的海盗船长，专门挖掘那些隐藏在数据堆里的宝藏。

3. 预测性分析

在大数据的世界里，预测性分析就像是"超能力"，能帮助企业和个人洞察未来，做出更加明智的决策。预测性分析通过运用各种统计学技术、机器学习算法、数据挖掘工具等，对大数据进行分析和建模，找出其中的规律和趋势，并根据这些规律和趋势预测未来的情况，给出有价值的建议和决策支持。

📩 **读一读**

随着大数据时代的到来、网络平台安全系数的提高、数据挖掘的发展以及云计算的应用，海量数据分析会变成一种新方法，它能为快递企业所利用，用以实现物流速度更快、货物更安全、服务质量更高的目标。企业可以从大数据中得到顾客的快递习惯，预测消费者的消费习惯，实现提前配送来缓解物流高峰时的运输压力等。大数据时代为快递业带来了一种新的资源，能实现快速物流的目的。

4. 语义引擎

语义引擎就是利用自然语言处理和机器学习技术，对大数据进行语义理解和信息抽取的系统。它就像是一个聪明的翻译官，能把计算机听不懂的"人话"，翻译成计算机能理解的"机器语言"，同时也能把计算机的分析结果，翻译成人类容易理解的"人话"。

5. 数据质量管理

就像发霉的蔬菜会影响美食的口感和健康一样，低质量的数据也会导致分析结果出错，甚至误导决策。数据质量管理，就是确保收集到的数据是高质量、可靠的。它涵盖了从数据收集、存储、处理到分析的全过程，就像大厨从买菜、洗菜、切菜到炒菜的每一个步骤都要精心把关一样。

6. 机器学习

机器学习就是训练机器去学习，而不需要明确编程。它采用算法和统计模型，使计算机系统能够在大量数据中找到规律，然后使用可识别这些模式的模型来预测或描述新数据。大数据为机器学习提供了丰富的数据资源，使得机器学习模型能够更准确地捕捉数据的内在规律和模式。同时，机器学习也是处理和分析大数据的重要手段之一，能够帮助人们从海量数据中发现隐藏的知识和价值。它就像一个聪明的孩子，通过观察大量的数据和例子，自己学会解决问题，而不需要每一步都被人明确告诉该怎么做。

『学习总结』

1. 大数据（Big Data），或称巨量资料，指的是所涉及的资料量规模巨大到无法通过目前主流软件工具，在合理时间内对其撷取、管理、处理并整理成为帮助企业经营决策更积极的目的的资讯。

2. 大数据的主要特征有：数据量大、数据类型繁多、价值密度低、速度快、时效高、真实、复杂等。

3. 中国工程院院士李德毅认为，大数据的主要来源有三方面：自然界的大数据、生命和生物的大数据与社交大数据。

4. 从大数据的生命周期来看，大数据感知和采集、大数据预处理、大数据存储、大数据分析，这四个方面共同组成了大数据生命周期里最核心的技术。

『学习延伸』

大数据关乎国家安全，滴滴安全事件

随着大数据和网络时代的发展，我们的个人信息更容易被获取和利用。"滴滴出行"是涵盖出租车、专车、滴滴快车、顺风车、代驾、大巴、货运等多项业务在内的一站式出行平台。2019 年 9 月，"滴滴出行"入选"2019 中国大数据企业 50 强"。"滴滴出行"的大数据系统，可以为每位出行者进行画像，出行者的活动范围和出行习惯都能够精准掌握。以滴滴的体量来看，其手里不只掌握了大量的用户个人信息，更是掌握了国家道路数据、用户出行数据等重要信息。并且有测绘资格的公司能够根据这些数据绘制高精地图。

2021 年 7 月 2 日，网络安全审查办公室发布公告，为防范国家数据安全风险，维护国家安全，保障公共利益，对"滴滴出行"实施网络安全审查（图 2-2）。2021 年 7 月 4 日，

国家互联网信息办公室发布通报，根据举报，经检查核实，"滴滴出行"App存在严重违法违规收集使用个人信息问题。国家互联网信息办公室依据《中华人民共和国网络安全法》相关规定，通知应用商店下架"滴滴出行"App，要求滴滴出行科技有限公司严格按照法律要求，参照国家有关标准，认真整改存在的问题，切实保障广大用户个人信息安全。

自2020年6月1日《网络安全审查办法》实施以来，"滴滴出行"是第一个被审查的对象。中国数据安全、网络安全强监管时代即将到来。滴滴事件折射出我国数据安全（网络安全）治理面临的严峻局面，尤其是跨境数据流动带来的安全风险与巨大挑战。

图2-2 滴滴安全审查公告

任务二 大数据在智慧交通中的应用

『学习情境』

山东省烟台市高速交警支队建设了全套基于大数据的智能交通安全系统，日均抓拍违章记录150～200条，为全市高速公路的道路安全保驾护航。在这些高速公路上，先后部署310多套智能卡口、70多套星光级超低照度摄像机以及60多台测速雷达等设备，包含视频监控、智能高清卡口、收费拦截站、车辆速度控制诱导系统、路况信息管理系统、指挥调度系统、社会化信息发布系统、智能交通安全管理平台等。无论白天还是黑夜，该系统都可进行道路交通的实时监控，实现信息采集、区间测速、卡口抓拍、信息诱导、缉查布控等一系列的智能应用，如图 2-3 所示。

图 2-3　智能交通安全系统

『 学习目标 』

1. 了解智慧交通系统的内涵；

2. 了解智慧交通系统中的大数据；

3. 了解智慧交通系统的整体框架。

『 学习探究 』

活动一　认识智慧交通

一、智慧交通的定义

从行路难到如今交通的四通八达，我们每时每刻都在见证着城市的快速发展。传统的智能交通主要依托摄像头、地感线圈等设施对交通流量进行实时监控。随着信息技术的全面应用和渗透，逐渐形成了多种基于大数据分析的交通出行规划，方便出行者灵活选择从出发到目的地的交通工具和路径。

智慧交通是指利用先进的信息技术和通信手段，对城市交通系统进行智能化改造和升级，实现交通信息的实时采集、处理、分析与共享，以及交通资源的优化配置和高效管理。它不仅关注车辆本身的智能化，更强调交通系统整体的协同与智能，是城市交通管理现代化的重要标志。智慧交通将先进的云计算技术、移动互联网技术、数据通信传输技术、交通传感技术、智慧化控制技术及大数据技术等集成运用于整个交通运输管理体系而建立起的一种实时、智能、高效的综合运输和管理系统。

二、智慧交通的关键技术

智慧交通是城市交通系统现代化的重要标志，它依赖于一系列关键技术来实现交通的高效、安全和智能化管理。

1. 大数据技术

大数据技术在智慧交通中扮演着核心角色。通过收集和分析海量的交通数据，如车辆流量、行驶速度、乘客需求等，大数据技术能够为交通规划、管理和决策提供科学依据。例如，利用大数据分析可以预测交通拥堵情况，优化信号灯配时，提高道路通行效率。此外，大数据技术还能用于乘客行为分析，为公共交通服务优化提供数据支持。

2. 云计算技术

云计算技术为智慧交通提供了强大的数据处理和存储能力。通过云计算平台，交通管理部门可以实时处理和分析来自各个交通节点的数据，实现交通信息的快速共享和协同处理。同时，云计算技术还支持弹性计算资源分配，确保在高峰时段或突发事件时，系统能够迅速响应并提供足够的计算能力。

3. 物联网技术

物联网技术是实现智慧交通的重要基础。通过传感器、RFID标签等设备，物联网技术可以将车辆、道路、信号灯等交通元素连接成一个网络，实现数据的实时采集和传输。这些数据可以用于交通流量监测、车辆追踪、信号灯控制等应用，提高交通系统的智能化水平。例如，利用物联网技术可以实现智能停车系统，通过车位感应器和App，提供停车导航、车位预约、自动缴费等服务。

4. 人工智能技术

人工智能技术在智慧交通中具有广泛的应用前景。通过机器学习、深度学习等技术，人工智能可以对交通数据进行深度挖掘和分析，实现交通预测、路径规划、异常检测等功能。例如，利用人工智能技术可以预测交通拥堵情况，提前进行交通疏导；还可以实现自动驾驶，提高道路使用效率和安全性。此外，人工智能技术还可以用于交通管理和应急响应，提高交通系统的整体运行效率。

5.5G 通信技术

5G 通信技术为智慧交通提供了高速、低延迟的通信环境。它支持大量数据的即时传输，是实现车路协同、远程控制等智慧交通应用的基础。例如，利用 5G 通信技术可以实现自动驾驶车辆的远程监控和控制，确保行驶安全；还可以实现交通信号的实时调整和优化，提高道路通行效率。此外，5G 通信技术还可以支持高清视频监控和实时数据传输，为交通管理和决策提供有力支持。

三、智慧交通的典型应用场景

智慧交通的应用场景广泛，涵盖了城市交通管理的方方面面，极大地提升了交通系统的效率和智能化水平。

1. 智能公共交通

智能公共交通是智慧交通的重要组成部分，它通过信息技术手段提升了公共交通的服务质量和运营效率。在智能公共交通中，乘客可以通过手机 App 或公交站台显示屏实时获取公交 / 地铁的到站信息，合理安排出行时间，减少等待焦虑；可以通过手机 App 或公交卡进行电子支付，无须携带现金或零钱，提高了支付效率和便捷性。公交或地铁公司可以通过智能调度系统实时掌握车辆的运行情况，根据客流量和路况信息动态调整发车间隔和路线，提高运营效率和乘客满意度；通过收集和分析乘客的出行数据，可以了解乘客的出行习惯和偏好，为公共交通服务优化提供数据支持。

📧 **读一读**

　　随着城市化进程的加速和人民群众出行需求的日益多样化，贵阳公交公司以"公交数字化"为转型核心，建设"公交大脑"，对各线路的营运情况进行深入分析，通过数据加持，实现了公交运力的智能精准调度。智慧排班系统能够自动生成车辆运营时刻表和班务计划，提供优化的配车建议，并根据线路客流的时空分布规律，精准识别客流高峰，结合运营条件和运力资源约束，自动计算出最合适的发车时刻表。"公交大脑"还可以分析客流满载率情况，实现对乘客服务的全面智能化。系统能够展示最大断面满载率过高的线路，并基于满载率过高的现象，自动生成区间车、大站车、加密班次、更换车型等优化建议，有效提升了乘客的出行体验，如图 2-4 所示。

图 2-4 智慧公交车

2. 智慧停车

智慧停车是解决城市停车难问题的有效手段，它通过物联网、大数据等技术实现了停车资源的智能化管理和共享。停车场通过安装车位感应器，实时获取车位占用情况，为车主提供准确的停车导航服务。车主可以通过手机 App 查询附近停车场的车位情况，并进行车位预约和导航服务，避免盲目寻找停车位造成的交通拥堵。通过手机 App 或停车场内的自助缴费机进行停车费用支付，无须排队等待人工收费，提高了停车效率。通过智慧停车平台，车主可以将自己的闲置车位进行共享出租，增加收入；同时，车主也可以在平台上寻找附近共享车位进行停车，缓解停车难问题。

📧 读一读

在杭州这座古老而又现代的城市里，有一个不为人知的"超级大脑"正在默默工作，它就是杭州城市大脑诱导平台。通过运用大数据、云计算和人工智能等前沿科技，它能让这座城市的交通管理变得既聪明又有趣。城市大脑诱导平台就像是智慧交通的"魔法棒"，汇聚了来自交通、警务、城管、消防等 23 个部门的数据，近 10 亿条信息在它这里汇集、分析、处理，然后给出最优的解决方案。在杭州，停车难一直是困扰市民的"老大难"问题，城市大脑诱导平台通过海量停车数据和交警卡口、违停、行车轨迹等 OD 数据的融合分析，计算出每个网格的停车需求、停车缺口、停车难易系数，以停车热力图的形式量化分析出杭州停车哪里难、有多难、为何难。这就像是一个精准的"停车导航仪"，让你轻松找到最近的停车场，再也不用为找车位而头疼了，如图 2-5 所示。

图 2-5　智慧立体停车场

四、智能交通信号控制

　　智能交通信号控制是智慧交通的核心技术之一，它通过实时分析交通流量数据，自动调整信号灯配时方案，优化路口通行能力。智慧交通信号控制系统通过在路口安装交通流量监测设备，实时获取车辆流量、速度、占有率等数据，为信号灯控制提供数据支持，自动调整信号灯配时方案，减少车辆等待时间，提高路口通行能力，还可以实现多个路口之间的协同控制，优化区域交通流，缓解交通拥堵。在交通事故、道路施工等特殊事件发生时，智能交通信号控制系统可以迅速调整信号灯配时方案，引导车辆绕行或分流，减少交通拥堵和事故影响。

 读一读

　　在湖北省荆门市，有这么一群"智慧红绿灯"，它们不仅懂得"察言观色"，还能"未雨绸缪"，让市民的出行体验瞬间升级。荆门交警的智慧交通灯控制系统，通过5G执法记录仪、智能交通道路、绿波道路等一系列高科技装备，能够实时监控路况，预测交通流量，甚至还能根据车流量自动调整信号时长，确保道路畅通无阻，如图2-6所示。这个系统还有"人脸识别""货车通行管理"等各路神通，就像是给每辆车都装上了"身份证"，谁违规了，谁闯红灯了，一目了然，都逃不过它的"火眼金睛"。而且，它还能通过大数据分析，提前预警交通风险，让交警能够迅速反应，把问题解决在萌芽状态。

图 2-6　绿波路段交通信号灯

五、自动驾驶与车路协同

自动驾驶与车路协同是智慧交通的未来发展方向之一，它通过车辆与道路、车辆与车辆之间的实时通信和协同控制，实现更加安全、高效的出行方式。自动驾驶车辆利用计算机视觉、机器学习等技术实现车辆的自动驾驶功能，减少人为操作失误和交通事故风险。同时，通过车辆与道路、车辆与车辆之间的实时通信和协同控制，实现车辆行驶过程中的信息共享和协同决策，提高道路使用效率和安全性。自动驾驶车辆还提供高精度地图和定位服务，确保车辆在复杂道路环境中能够准确识别道路标志、标线和障碍物等信息。在车辆行驶过程中还可以进行远程监控和控制，确保车辆运行安全并及时响应突发事件。

📩 读一读

在深圳，自动驾驶车辆正以前所未有的速度驶入公众视野，成为智慧城市的一道亮丽风景线。这些车辆搭载了尖端的车路云一体化技术，如同拥有了"超能力"，不仅能够通过高精度雷达、摄像头等设备实时感知周围环境，实现三维建模路况展现，还能与道路基础设施进行无缝通信，获取实时交通信息，从而做出智能决策，确保行驶安全。从高铁站的自动驾驶小巴，到街头巷尾的无人配送车、无人驾驶环卫车，自动驾驶车辆的应用场景日益丰富，正逐步渗透到居民的日常生活中，如图2-7所示。尤为值得一提的是，深圳部分区域已开放智能网联乘用车"车内无人"商业化试点，标志着自动驾驶技术正迈向更高层次的商业化应用，为城市交通带来革命性的变革。

图 2-7 快递无人配送车

六、交通管理与应急响应

　　智慧交通在交通管理与应急响应方面也发挥着重要作用。智慧交通管理系统通过高清摄像头和人工智能算法实现对交通违章行为的自动监测和处罚，提高交通管理效率。通过实时交通流量监测和数据分析预测交通事故风险，及时向相关部门和车主发送预警信息；同时，在交通事故发生时还能迅速响应并提供救援服务。智慧交通管理系统可以通过分析交通流量数据实时监测交通拥堵情况，通过调整信号灯配时方案、发布路况信息等手段进行疏导缓解交通压力。在恶劣天气、大型活动等特殊事件发生时，智慧交通管理系统能及时响应并提供交通疏导、信息发布等服务，保障公众出行安全顺畅。

 读一读

　　在重庆，智慧交通管理系统正成为缓解城市交通拥堵、提升交通管理效率的关键力量。通过深度融入大数据智能化技术，该系统实现了对城市交通的精细化管理。以四公里立交桥为例，通过投用"潮汐车道"等智慧交通措施，有效缓解了这一"常年堵点"的交通压力，将早晚高峰时段的通行时间缩短了一半，如图 2-8 所示。此外，重庆公安交管部门利用"城市路面交通大脑"数据中心，综合分析车辆过桥过隧的流量变化规律，科学制定并推出了更为人性化、便利化的桥隧错峰通行政策。这些智慧交通管理措施不仅提高了道路通行效率，还极大提升了市民的出行体验，展现了智慧交通在解决城市交通难题中的巨大潜力。

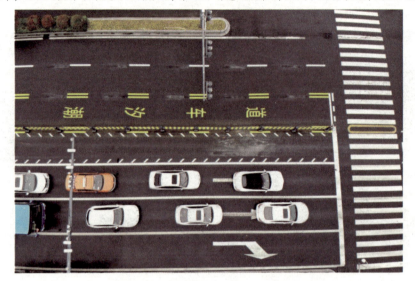

图 2-8　潮汐车道

　　智慧交通不仅让出行变得更加便捷高效，还带来了显著的社会经济效益。它能够有效缓解城市交通拥堵，减少碳排放，提升城市空气质量；通过优化资源配置，降低交通运营成本；同时，智慧交通还能提高交通安全性，减少交通事故的发生，保障人民生命财产安全。目前，我国的智慧交通系统已经在一些城市、高速公路等推广应用，根据相关数据分析，智慧交通可使车辆安全事故率降低 20% 以上，交通堵塞减少约 60%，短途运输效率提高近70%，现有道路网的通行能力提高 2 ~ 3 倍。

📨 读一读

　　抬脚踏上水泥路，出门坐上公交车。这已经不再是贵州省雷山县老百姓翘首以盼的未来。在雷山县农村地区，村民居住并不是很密集，村寨分散，客运班车的行驶路线无法实现"雨露均沾"，往往会出现"高峰时人找车，平时车找人"的现象。雷山县客运站站长王某说："如果农村也能有网约车，问题就好解决了。"为了让每一位老百姓在任何地方都可以通过一部手机、一个号码，实现轻松出行，雷山县开展了黔东南州智慧交通云平台试点工作，建立全国首个农村出行服务平台——"通村村"智慧交通 App，如图 2-9 所示。

图 2-9　"通村村"智慧交通网约车

活动二　大数据技术在智慧交通系统中的应用

一、交通大数据的特征

交通大数据为智慧交通提供了最基本的数据支撑，是解决交通出行问题的基本条件，是智慧交通系统的基础。交通大数据与传统数据相比具有以下四大特征。

1. 数据规模大

交通大数据汇聚了来自城市各个角落的海量信息，如车辆行驶轨迹、实时路况、交通流量、违章记录、公共交通使用情况等。这些数据每时每刻都在以惊人的速度增长，形成了规模宏大、错综复杂的数据集。

2. 数据种类多

交通大数据不仅涵盖了车辆类型、速度、位置、行驶轨迹等基本的交通流数据，还包含了交通信号灯状态、路况信息、天气状况、交通事故记录、公共交通运营情况、驾驶员行为分析以及乘客出行模式等多种维度的信息。此外，随着智能设备的普及，行人流量、非机动车动态、停车场占用情况乃至车联网中的车辆实时状态数据也被纳入其中，构成了一个庞大而多元的数据网络。

3. 价值密度低

交通大数据虽然规模庞大、来源广泛，但其价值密度却相对较低。这是因为交通数据中包含了大量的冗余、无效或低价值信息，如车辆行驶过程中的位置信息、速度信息等，单独看每一条数据可能并不具备太高的分析价值。但是当这些数据经过深度挖掘、整合分析后，能揭示出交通流的变化规律、拥堵瓶颈、出行热点等有价值的信息，为交通管理、规划决策提供科学依据。因此，交通大数据的价值需要通过高效的数据处理和分析技术来提炼和提升。

4.产生速度快

在当今快节奏的城市生活中，交通大数据的产生速度如同城市血脉中奔腾的血液，无时无刻不在高速涌动。每一辆行驶的车辆、每一次红绿灯的切换、每一个行人的过街动作，都在实时生成并传输着海量数据。这些数据如同繁星点点，迅速汇聚成数据的洪流，不仅反映了城市交通的即时状态，更为智慧交通管理系统的实时分析和决策提供了坚实的基础。随着城市交通的日益繁忙，交通大数据的产生速度也在不断加速，为城市交通的智能化管理注入了源源不断的动力。

二、交通大数据的来源

1.通过固定检测器获取交通流数据

通过传统的固定检测器可以直接获取的交通大数据包括车流量、车速、占有率、车辆类型等。固定型检测器的应用较广，检测技术也相对较多，如感应线圈检测技术、地磁检测技术、红外检测技术、微波雷达检测技术、超声波检测技术、声学检测技术、视频图像检测技术等。

📧 **读一读**

微波雷达测速仪（多车道检测）适用于电子车速显示牌、车速反馈标志、车速触发电子信息显示屏等交通信息采集系统，能监控多个车道内行驶车辆的车速。微波雷达测速仪以道路上行驶速度快或是临近车辆为目标，实时测量其行驶速度，并将速度信息输出到数据管理系统用以统计分析，或将速度信息输出到LED车速反馈屏用以警示超速车辆放慢速度。它通常安装于公路两侧，如图2-10所示。

图2-10　微波雷达测速仪

---

2. 通过移动检测器获取的交通流数据

传统的固定式交通信息采集方式存在覆盖率低、不灵活、维修难度大等缺点，而运用移动型交通检测器，可直接检测整个路网的车辆位置、车速、行程时间、行驶方向、交通事件等信息，克服了固定检测器只能检测固定位置交通信息的缺点。常见的移动检测技术包括：基于 GPS 的移动检测技术、基于电子标签的移动检测技术、基于汽车牌照的移动检测技术、基于手机的移动检测技术等。

> **📨 读一读**
>
> 　　流动测速是不定点的测速，通过使用可移动测速仪、手持测速仪、测速雷达机等测速工具，可对车辆进行速度探测。流动测速可以从不同的方向对超速车辆进行拍摄，既可以拍后牌照，也可以拍前牌照，如图 2-11 所示。一般在流动测速前方的一段距离之内，会有相关的指示牌。
>
>
>
> 图 2-11　移动测速

3. 位置数据

位置数据通常包括基于公交智能卡、车载终端以及智能手机的有关出行轨迹、出行方式、出行范围、出行总量等数据。通过位置大数据可以对出行者的出行行为进行分析，并根据出行距离、出行时间和道路偏好对驾驶员路径选择产生影响，实现路径预测，为交通基础设施建设和运营服务管理提供支持。

📩 **读一读**

　　交通运输部建设的"公共交通出行大数据平台"通过对交通大数据的计算与分析，对城市公交线网实现了优化调整，包括发现城市出行规律、诊断线网存在的问题、调整优化线路站点、挖掘不同场景的出行需求、规划定制公交线路（图2-12）等，为管理者提供决策支持。据了解，目前该平台已在西安、南京、金华等城市投入使用。

图 2-12　定制公交

4. 非结构化视频数据

　　非结构化视频数据主要包括宏观交通态势监控数据，如高空高清视频监控系统数据等。通过对关键卡口的交通监控视频的处理，获取车辆类型、交通状态等交通流特征参数及其他参数，分析多交叉口或较大区域的交通宏观态势。

📩 **读一读**

　　"电子眼"又称"电子警察"，是"智能交通违章监摄管理系统"的俗称，通过运用车辆检测、光电成像、自动控制、网络通信、计算机等多种技术，对机动车闯红灯、逆行、超速、越线行驶、违例停靠等违章行为实现全天候监视，捕捉车辆违章图文信息，对车辆违章行为进行处理，如图2-13所示。

图 2-13　电子眼

5. 多源的互联网、政务网数据

互联网、政务网为智能交通系统提供了更为广泛的数据来源与发布途径。以社交网络为代表的互联网可为智慧交通系统提供交通事件视频等数据，逐渐成为交警非现场执法、公交系统优化等重要数据来源。政务网为城市决策者和管理者提供安全稳定的信息交互平台，可为智慧交通系统提供城市路网结构、气象变化、特大活动、突发事件、应急救援等数据。

> 📩 **读一读**
>
> 2021年国庆假期，江苏宿迁交警接到网友举报称驾驶至淮徐高速泗阳段时突遇堵车，有救护车走应急车道前往事故现场救援，随后一些加塞的车辆也跟在救护车后行驶在应急车道上。于是，该网友用手机对违法占用应急车道的近百辆车进行拍照取证。接到举报后，宿迁交警立即组织警力对网友举报的93辆占用应急车道车辆的违法情况开展调查，经审核，其中85辆车违法占用应急车道事实清晰，已被录入道路交通违法信息管理系统，作为处罚违法行为的证据。

三、交通大数据应用面临的挑战

1. 数据采集

交通大数据的采集主要依靠综合交通运输体系中的基础设施联网及自动识别与监控系统实现，但由于不同地区及部门的交通基础设施建设不均衡、信息化程度不一、数据采集缺乏统一标准和协作机制等问题，使得采集的基础数据的质量受到影响。

2. 数据安全

交通大数据不仅包括道路、车辆、驾驶员、交通量等基础数据，还包括涉及国家安全和个人隐私的数据，因此，保障数据的安全成为亟待解决的问题。目前，由于交通大数据在开发与利用过程中因缺乏统一的规范和管理标准，使交通大数据的传输及与互联网之间的互联互通缺乏安全性。

3. 网络通信

目前交通大数据的传输主要采用自建通信专网与租用城市公共通信网络相结合的模式，形成有线通信与无线通信交互使用的通信系统。随着对交通大数据的深入挖掘，数据的体量将呈几何倍数增加，对网络通信提出更高要求。

4.计算效率

交通大数据在为用户提供服务的过程中，需要其能实现快速反应，这就对数据的计算效率提出了更高要求。以出行规划为例，用户在提出出行需求后，智慧交通系统要在瞬间完成数据的识别、采集、分析、反馈等多个步骤，及时为用户推荐出行选择方案。

5.数据存储问题

交通大数据的突出特点是"大"，无论是历史沉淀数据，还是新采集的数据及数据的传输均需要对海量数据进行存储。由于数据存储技术的发展速度远跟不上交通大数据的更新速度，给交通大数据的存储带来了压力。目前，交通大数据主要采用滚动存储的方式，只保留一段时间内的数据，超出该时间段的历史数据将自动清除。这种方式降低了交通大数据的存储质量，不利于交通大数据的开发利用。

『学习总结』

1.智能交通系统，简称 ITS，即 Intelligent Transportation Systems。

2.交通大数据具有 6V 特征，包括：体量巨大、处理快速、模态多样、真假共存、价值丰富、可视化。

3.智能交通整体框架包括物理感知层、软件应用平台、分析预测及优化管理。

『学习延伸』

公共汽车如何开设新线路？大数据"撮合"海量需求

随着人们不断增长的出行需求，定制公交成了"网红"，如图 2-14 所示。北京公交集团正式启动线路征集后，不到一周时间，共收到 3 万余条个人申请和 500 多家企业申请。面对海量出行需求，如何快速、科学地撮合需求，给出最优开线建议？答案是——利用大数据智能开线技术。

打开大数据智能开线系统，一张北京路网地图上，密密麻麻布满了不同颜色的小圆点，这些圆点都代表着出行需求。橘黄色的点是出发地，蓝色的点是目的地，哪个区域需求集中，非常直观。北京公交集团公司员工操作计算机，还可以打开另一种展示方式：地图上蓝线是通州土桥至望京地区的一条预售线路，上车站、下车站多少人提交了申请，都用红色圆点标记着人数，从人数统计到线路生成，都是系统借助算法自动完成。

大数据智能开线比过去线下人工统计开线快得多。一天，运营人员打开计算机，忽然发现系统里多了一条从西六环外的西山湖小区到张郭庄地铁站的线路。原来，小区居民听说了定制公交后，在业主群里扩散消息，大家当晚在小程序上填报，人数达到了开线条件，这条线路就自动生成了。而在过去，人工开线需要工作人员深入社区征集需求，花上一两个月时间。

当然，一条线路从生成到开通，还要经过许多流程。例如，系统生成线路后，一线运营部门要实地验证，确定线路走向；根据需求明确上下车站点、发车时间；线下进行站点走合，确保线路快速直达……与常规线路相比，定制公交还要经受预售"大考"，预售要达到规定人数才能成功开通线路。此外，线路走向、发车时间都要精准匹配需求，线路才能撮合成功。

"除了新技术，成功的产品还需要提升用户体验，加强与乘客互动。"小林打开定制公交升级版小程序，选择进入一条线路购票页面后，地图右侧出现了"线路规划"图标。进入"线路规划"，乘客可以选择"我要加车""我要加站""我要改时间"，在线提交需求，为自己的线路做主。以武夷花园到望京的线路为例，此线路5月上线运营两周后，五环路高峰期开始堵车，乘客纷纷要求调整路线，运营部门迅速调研、修改线路，改走四环主路避开拥堵路段，全程节省半小时，乘客人数也增加了一倍多。

图 2-14　定制公共汽车

任务三　参观智能停车场

『学习情境』

菜场门口停车，两分钟买把葱，葱2元，罚款200元；幼儿园接孩子，找不到车位，违停，扣分又罚款；驾驶员上厕所 3 分钟，停车不规范，罚款……这些问题可能很多人都碰到过，那应该如何很好地解决呢？

　　上海闵行区交通部门通过安装高位视频桩，结合上海停车 App 实行道路停车智能化管理。通过对周围车流量的数据分析及区域特点，在不同的停车距离内采取不同的临时停车方式和具体数目规划。在选定好的路段把路面涂成易识别的颜色，根据客流量大小，不同颜色表示不同的停留时长，借助信息技术实现城市停车的智慧化，如图 2-15 所示。先行试点的闵行吴泾镇永德路，由于采用数字计时计费，车位周转效率提高了至少 3 倍，平均投诉量也大大下降。

图 2-15　智慧停车

『学习目标』

　　1. 了解智能停车场的系统及具体应用；
　　2. 了解智能停车场的停车流程。

『学习探究』

　　活动一　认识智能停车管理系统

　　智能停车管理系统是指基于现代化电子与信息技术，在停车区域的出入口处安装自动识别装置，通过非接触式卡或车牌识别来对出入该区域的车辆实施判断识别、准入 / 拒绝、引导、记录、收费、放行等智能管理。

目前市场上主流的停车场系统有 IC 卡智能停车管理系统、RFID 智能停车管理系统、ETC 智能停车管理系统、摄像机车牌识别停车管理系统等。

1.IC 卡智能停车管理系统

IC 卡智能停车管理系统将机械、电子计算机和自动控制技术有机结合起来，通过远程蓝牙读卡，使车主快速入场停车，如图 2-16 所示。IC 刷卡系统使用成本低，应用广泛，但存在明显弊端，如进出场必须停车刷卡和取票、上下坡道刷卡容易造成溜车、高峰期容易造成堵车等。近几年在智能化停车场升级改造中 IC 卡智能停车管理系统已经被逐步淘汰，但在一些特定环境和信息化建设水平不高的地区仍然被采用。

图 2-16　IC 卡智能停车管理系统

2.RFID 智能停车管理系统

RFID 智能停车管理系统采用 RFID 技术结合图像数字处理、自动控制技术远程自动感应识别车辆信息，通过电子标签对进出车辆的数据信息进行识别、采集、处理，管理车辆常用于物业小区、企业等内部车辆进入的场景。具有远距离读取，快速移动目标可识别，高保密性，高适应性，安全管理程度高等特点。但在遇到 RFID 卡芯片损坏或者刷卡系统故障等特殊情况时，需要值班人员确认车辆身份后，通过开关按钮开启道闸。

3.ETC 智能停车管理系统

ETC 智能停车管理系统是通过"车载电子标签"与 ETC 车道内的微波设备进行通讯，实现车辆不停车付费功能，有专用车道和混用车道两种不同的模式。专用车道支持 ETC 车辆自动通行，实现无人值守，不停车通行，自动缴费。混用车道一般结合其他技术，如

ETC+IC 卡，支持所有车辆通行，ETC 车辆优先识别。虽然 ETC 在提高通行效率、自动付费方面具备优势，但目前 ETC 并未覆盖全部车辆，所以 ETC 系统要结合其他停车管理技术或系统一起使用。

4. 摄像机车牌识别停车管理系统

摄像机车牌识别停车管理系统以计算机视觉、数字图像处理等技术为基础，对拍摄的车辆图像或者视频图像进行处理分析，实现对车牌号码的识别。该系统对车辆的识别效率高，能实现快速通行，减少车辆排队现象。该系统支持中央系统缴费、储值用户缴费、手机端缴费（如微信、支付宝）等多种支付方式，支持语音和视频通讯，不需要值守人员，对临时车牌也能进行管理。

活动二　实地参观智能停车管理系统

智能停车管理系统具有车辆识别、车位管理、安防监控等功能，具有无人化管理、精准计费、远程监控等突出优势。下面，就让我们一起去参观重庆某商城的智能停车场吧！

第一步　参观剩余车位显示屏

剩余车位显示屏可将停车场内的车位使用情况，通过停车管理系统软件的控制，实时更新在显示屏上，方便车主在停车场入口直观了解停车场内是否还有车位可用，如图 2-17 所示。

图 2-17　剩余车位显示屏

第二步　参观车牌识别系统

智能停车场在出入口处设置了摄像头，当车辆到达出入库道闸附近时，识别相机自动拍摄并经由图像采集卡采集车辆图像，并将图像分割并定位车牌、车型，自动识别车辆车牌信息用于后续的停车管理和操作，如图 2-18 所示。

通过摄像头识别车牌

门禁系统和道闸

图 2-18　车牌识别系统

第三步　参观门禁系统和道闸控制系统

门禁系统负责车辆的入库和出库，管控着整个停车场的进出车辆。门禁系统根据当前停车位的空余情况，向道闸控制系统反馈开闸信息（放行或显示车位已满信息等）。车辆入库时，当门禁系统成功识别到车牌后，会自动打开道闸，让车辆进入；等待车辆完全进入后，道闸会自动关闭。出库时，系统完成车牌识别后，用户需要完成缴费，门禁系统才会控制道闸放行。

第四步　参观安防监控系统

安防监控系统承担安全状态监控、车辆信息获取等任务，如图 2-19 所示。各安防摄像实时记录所监控区域的情况，当异常告警事件发生时，系统会主动报告并发送局部录像进行备份，防止遭恶意破坏致使数据丢失。安防监控系统还能根据用户和管理人员的调取请求，定点、定时发送当前摄像机记录的图像信息，满足人员的查看和管理需求。

管理人员可通过车辆管理系统，随时查看每辆车的状态，可判断某一辆车是否在车库内。同时，车辆管理系统也可以对每辆车的入库时长进行统计，提醒管理人员清理"僵尸车"，避免遭受损失。

第五步　参观收费系统

当车辆进入车库时，车辆管理系统将综合采集车辆的信息，并将车辆信息自动录入数据库内，判断该用户付费类型、计费标准等，同时也开启计时。当用户驶出停车场时，再次采集车辆信息，计算停车时间和停车费用，用户可以扫码缴费，也可选择其他支付方式，如图 2-20 所示。根据缴费情况，车辆管理系统反馈开闸信息，车辆便可离开。

图 2-19　安防监控系统

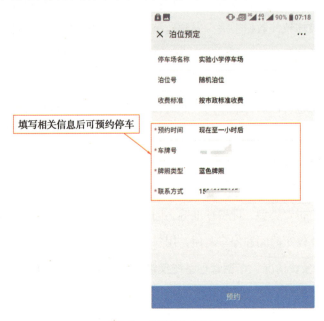

图 2-20　收费系统

第六步　使用预约停车小程序

有些智能停车场还提供预约停车小程序，方便车主停车，如图 2-21 所示。

图 2-21　预约停车小程序

『学习总结』

智能停车管理系统是将现代化车辆识别、车位管理、安防监控等功能高度集成的系统，它具有无人化管理、精准计费、远程监控等优势。

『学习延伸』

地图 App 是怎么实现显示实时路况的？

在开车出门前，了解路况是出门的第一步，如图 2-22 所示。通过导航软件，可以知道当前的交通情况，从而避开拥堵路段。哪里在修建新道路，哪里发生交通事故以及哪里的道路在临时维修等，这些信息总是能通过导航 App 及时知晓。这是如何做到的呢？实际上，导航软件通常通过以下三种方式获取路况信息。

图 2-22　交通拥堵情况

第一种方式，是通过调用各个地方的交通管理系统中的车流量数据处理后而获得的结果。众所周知，交通管理系统中的交通传感器和摄像头不仅具有捕捉违规行为的功能，而且还有分析车流量数据的功能。通过分析某个路段的车流量数据，就可以基本确定该路段的拥堵状况。

第二种方式，是通过分析用户使用 App 时上传的数据来获得的。使用导航软件时，使用者的实时驾驶数据也将上传到这些导航软件的服务器，导航软件将通过算法分析所有用户的数据。当发现在某个路段上大量驾驶者突然减速时，该路段的路况信息就会被更新为拥堵；

当大多数车辆恢复到正常速度时，该道路状况信息将变为平稳。道路状况分析实际上是人工智能和大数据技术的综合应用。使用导航软件的用户越多，对道路状况的分析就越准确。

第三种方式，是通过出租车和公共汽车等公共交通平台的数据来源进行分析。这些车辆都装有 GPS, 并在车上安装定期实时回传车速的车载设备，这样就可以通过逻辑计算实时获得每个路段的公共交通平均车速，并据此判断路段的拥堵程度。这些信息每隔一段时间就会发送到监视中心，信息内容包括位置信息、车速和行驶方向等。收集数据后，就可以建立一个动态的实时路况信息监测网。

当然，这些导航软件也有计算错误的时候，有时导航软件显示路况为深红色，但实际并没有堵车。这样的情况通常发生在路口转角处，一些停靠在路边的车，会导致导航软件错误判断成交通拥堵。

项目三 物联网与智能家居

任务一 认识物联网技术

『学习情境』

　　智慧城市建设是全球城市化的新趋势，而物联网等相关技术的发展也将逐步推动城市"部件"之间实现"万物互联"。在江苏省宿迁市泗阳县，依托 5G 物联网技术打造的基层防汛预报预警体系迎来"实战"考验。2021 年 7 月，台风"烟花"登陆江苏，台风预警和洪水预警双双高挂。在防汛预报预警体系的帮助下，泗阳县防汛工作人员通过屏幕实时监控该县主要河湖水位站、闸站的水位流量信息，第一时间做出防汛部署。

　　据介绍，该县应用的基层防汛预报预警体系在前端设置了 5G 物联网数据采集传感器，可将雨量、水位、积水等信息实时回传平台，同时将实时数据引入专网视频会商平台协助会商工作布置，提升防汛指挥人员预警预报、分析研判的准确性，从而迅速做出相关安排，如图 3-1 所示。泗阳县防汛防旱办公室工作人员表示，在防汛预报预警平台的帮助下，防汛人员只要进入系统便可实时掌握水情和水位信息，省去大量人力耗费，一台手机或者一台计算机便能实现"云上治水"。

图 3-1　防汛预报预警装置

『学习目标』

1. 了解物联网的概念、特征；
2. 理解物联网的层次结构，能说出各个层次的关键技术类型及应用；
3. 能发现并举例说明物联网技术在身边的应用。

『学习探究』

活动一　认识物联网

在科技日新月异的今天，物联网（Internet of Things，IoT）逐渐成为我们生活中不可或缺的一部分。物联网是通过互联网将各种物理设备、传感器、电子设备和系统连接起来，使它们能够相互通信、交换数据、远程控制和协同工作的网络化技术。

一、物联网技术的基本原理

物联网技术的基本原理涉及以下几个方面。

1. 感知层

感知层是物联网的基础，负责采集物理世界的信息。它通过各种传感器、RFID 标签、摄像头等设备，将物理世界的信号转化为数字信号，以供后续处理和分析。感知层由基本的感应器件（如 RFID 标签、各类传感器、摄像头、GPS、二维码标签和识读器等）以及感应器组成的网络（如 RFID 网络、传感器网络等）两大部分组成。

2. 传输层（也称作网络层）

传输层负责将感知层采集到的数据传输到平台层。它提供了稳定、安全和高效的数据传输通道。传输层包括各种有线和无线通信技术，如 Wi-Fi、蓝牙、4G/5G、LoRa、Zigbee 等无线通信协议，以及以太网、光纤等有线通信方式。

3. 平台层

平台层是物联网的核心数据处理层，负责数据的存储、处理、分析和管理。它接收来自网络层的数据，利用大数据分析、机器学习和人工智能等技术对数据进行处理和分析，提取有价值的信息，并作出相应的决策和指令。平台层通常包括云计算平台、数据处理平台和人工智能算法等技术。

4. 应用层

应用层是物联网的最终目的地，它将平台层处理后的数据转化为具体的应用服务，负责实现物联网在各个领域的实际应用，如智能家居、智能城市、智慧医疗、智能制造等。应用层直接面对用户，是物联网价值的最终体现者。它决定了物联网在不同领域的具体应用形式和业务模式。

物联网的工作流程可以概括为：感知层采集数据，传输层负责数据传输，平台层进行数据处理和分析，最终应用层将处理后的数据转化为具体的应用服务。这四个层级相互配合，共同构建出一个完整的物联网生态系统。

📨 **读一读**

物联网技术在农业中的应用展现出了智能化与高效化的特点。在江西某农业科技公司蔬菜种植区，智慧农业物联网温室自动化控制系统实现了自动灌溉、通风排风、降温、遮阳遮光等多种智能化功能，能够根据蔬菜不同生长周期的需求，科学精准地调控水肥、温度、湿度、光照等环境因素。同样，在山东某智慧蔬菜大棚内，通过安装智能监测设备和多个传感器，实时采集棚内信息，实现了对大棚内温度、湿度的远程控制，确保蔬菜在最适宜的环境中生长。而在云南某蔬菜生产批发基地，农业大数据中心利用物联网技术每天更新市场交易动态，为农户、企业和客商提供精准数据支撑，实现了蔬菜生产的"数据化"管理。

二、物联网技术的典型应用

1. 智能家居

智能家具系统可以通过手机 App 等智能终端实现远程控制家中的电器设备，如开关灯光、调节空调温度、监控安防系统等。此外，还能根据用户的习惯自动调整家居环境，如智能窗帘根据光线自动调节开合度，智能音箱根据用户的喜好播放音乐等。

2. 智能交通

智能交通系统包括智能信号灯控制、智能停车管理、车联网等。智能信号灯可以根据实时交通流量自动调整信号配时，减少交通拥堵；智能停车管理系统可以帮助用户快速找到停车位，提高停车效率；车联网则可以实现车辆之间的信息共享和协同控制，提高道路行驶的安全性。

3. 智能医疗

智能医疗系统包括远程医疗、智能药箱、健康监测手环等。医生可以通过远程医疗平台为患者提供咨询服务，智能药箱可以自动管理药品库存和用药提醒，健康监测手环则可以实时监测患者的生命体征并传输到医生端进行分析。

4. 智能物流

智能物流系统包括货物追踪、智能仓储、无人配送等。通过在货物上安装传感器和RFID标签，物流企业可以实时追踪货物的位置和状态；智能仓储系统可以自动管理库存和货物分拣；无人配送机器人则可以在指定区域内自主完成配送任务。

5. 智能农业

智能农业系统包括智能灌溉、作物监测、养殖管理等。通过安装传感器和摄像头等设备，农民可以实时监测农田的土壤湿度、温度、作物生长状态等信息，并根据数据调整灌溉、施肥和农药使用等策略；在养殖领域，物联网技术可以实时监测动物的健康状况和生产性能，提高养殖效益。

6. 智能工业

工业物联网可以应用于生产线的监测、设备维护、物流等方面。通过在设备上安装传感器和执行器等设备，企业可以实时监测设备的运行状态和生产过程数据，并进行远程控制和故障预警；同时，物联网技术还可以实现供应链的优化和智能化管理。

7. 智慧城市

智慧城市包括智能照明、智能环保、智慧社区等多个方面。通过安装传感器和控制设备等手段，城市管理者可以实时监测城市的环境质量、交通流量、公共安全等信息，并采取相应的措施进行优化和管理；同时，物联网技术还可以为居民提供更加便捷和智能化的公共服务，如智能停车、智能垃圾分类等。

8. 智能零售

智能零售系统包括智能货架、智能支付、个性化推荐等。通过安装传感器和RFID标签等设备，零售商可以实时监测货架上的商品库存和销售情况，并及时进行补货和调整；智能支付系统可以实现快速结算和移动支付等功能；个性化推荐系统则可以根据用户的购买历史和偏好提供个性化的商品推荐。

9. 智能安防

智能安防系统包括视频监控、入侵报警、消防预警等。通过在关键区域安装摄像头和传感器等设备，企业可以实时监测安全状况并进行预警和处理；同时，物联网技术还可以实现安全信息的共享和协同处理，提高整体安全防范能力。

 读一读

> 　　在湖北某工厂，物联网技术被创新性地应用于安防系统中，展现出高效、智能的安全管理新面貌。厂区实现了 SA/NSA 双模 5G 网络（独立接入和非独立接入两种 5G 网络）覆盖，为多种 5G 智能设备的接入提供了强大支持。这一系统利用 5G 移动监控系统进行统一布控，智能化设备如 5G 智能无人机和 5G 智能机器人可以在厂区内自动巡查人、车、物等安全情况，并通过 5G 网络实时将视频数据传送至园区智能安防平台。相较于传统安防系统，这一升级后的 5G 安保系统在综合安防、运营效率和管理创新方面成效显著，不仅大幅减少了人工安保的工作量和巡逻路程，还显著提高了工厂的人均劳动生产率和设备效率，同时降低了能耗，为厂区的安全生产和高效运营提供了坚实保障。

三、物联网技术的发展趋势

物联网作为数字经济时代的基础设施，其未来发展趋势呈现出多元化、智能化、融合化等特点。

1. 边缘计算

随着物联网设备的普及和数据量的爆炸式增长，边缘计算成为解决数据传输延迟和带宽瓶颈的关键技术。边缘计算将数据处理和分析任务从云端转移到离设备更近的边缘节点，实现低延迟、高效率和数据隐私保护。

2.5G 与未来网络技术的融合

5G 网络以其高带宽、低延迟和大容量的连接能力，为物联网的广泛应用提供了有力支持。特别是在自动驾驶、远程医疗、智能工厂等需要超低延时和高可靠性的应用中，5G 技术将成为物联网发展的重要推动力。而随着 6G 等未来网络技术的研发和应用，物联网将实现更广泛的连接和更高效的数据传输，进一步推动物联网的普及和发展。

3. 人工智能与物联网的深度融合

人工智能与物联网的深度融合（AIoT）是未来物联网发展的重要趋势。通过引入人工智能技术，物联网设备可以实现更智能的决策和控制，提升系统的自适应能力和自动化程度。生成式 AI 和边缘智能在物联网中的应用越来越广泛，它们不仅提升了效率，更为传统产业注入了创新活力。

4. 物联网安全性的提升

随着物联网规模的扩大，安全性问题变得越来越重要。未来物联网将注重安全技术的研发和应用，包括数据加密、身份认证、隐私保护等，以提高系统的安全性和可靠性。同时利用区块链技术，实现物联网设备间的安全通信和智能合约，提高系统的整体安全性。

5. 跨行业融合与创新应用

物联网将逐渐与其他行业进行深度融合，如与人工智能、大数据、区块链等技术的结合，产生更多创新的跨行业应用，涵盖智能制造、智慧城市、智慧医疗、智慧农业等多个领域。推动物联网技术的不断成熟和完善，进一步拓展市场潜力和应用价值。

6. 开源架构与生态构建

随着物联网技术的演进和应用领域的多样化，开源架构的兴起为全球开发者提供了共同协作的平台，促进了技术的快速迭代和创新。这种灵活性不仅降低了开发成本，还提高了项目的适应性和效率。物联网产业的发展离不开完整的生态体系构建，未来物联网将注重构建包括芯片、模组、终端、设备、服务等环节的完整产业链，推动产业上下游的协同发展。

📧 **读一读**

公共交通中的"最后一公里"是城市居民出行采用公共交通出行的主要障碍，也是建设绿色城市、低碳城市过程中面临的主要挑战。共享单车（自行车）企业通过在校园、地铁站点、公交站点、居民区、商业区、公共服务区等地区提供服务，完成公共交通行业最后一块"拼图"，带动居民使用其他公共交通工具的热情。共享单车已经成为中国新四大发明之一，被输送到了世界上很多城市。共享单车的实质是一个典型的"物联网＋互联网"的应用，应用的一边是车（物），另一边是用户（人），通过云端的控制来向用户提供单车的租赁服务。

活动二　物联网相关技术

一、物联网的结构

物联网主要由感知层、网络层和应用层构成。

感知层，相当于人的眼耳鼻、神经末梢等，用于感知和采集数据，主要由各种传感器、条形码、二维码、RFID 标签和读写设备等感知终端构成。感知层是物联网实现全面感知的核心和基础。

网络层，相当于人的神经中枢，用于传输感知层感知到的数据，主要由私有网络、互联网等网络和数据处理平台构成。网络层需要具备可靠传输数据的能力。

应用层，类似于人类社会的"分工"，是物联网和用户的接口所在，包括应用基础设施、能力资源调用接口等和以此为基础实现的物联网在各个领域的具体应用。

📧 读一读

　　"上清古镇老医院小区有烟雾报警，请立即前往。"10 月 29 日凌晨，江西省鹰潭市龙虎山景区上清古镇小区义务消防员蒋某接到手机短信，立即拿起灭火器赶往报警点查看，原来是有人烧纸触发了烟雾报警。

　　鹰潭市依托物联网技术建成了"全灾种、大应急"智鹰 119 消防平台。该平台在重点场所安装近 10 万个智能烟感器，一有警情，报警信息不仅能传送到消防平台，还能推送到邻近义务消防员的手机上，实现快反应、早处理。

二、物联网关键技术

1.RFID 技术

RFID，即射频识别技术，俗称电子标签，是物联网中最关键的技术之一。RFID 技术通过无线电信号识别特定目标并读写相关数据，不需要目标与读写设备之间有接触，是一种非接触式的自动识别技术。RFID 的基本组成包括标签、读写器和天线，这项技术能够给物体附上一个包含 RFID 射频部分和天线环路的 RFID 标签，携带标签的物品进入人为设置的特定磁场后，会发出特定频率的信号，阅读器就可以读出之前被写入的信息，从而实现对物体的自动识别。RFID 技术具有普通条形码不具备的防水、防磁、耐高温、使用寿命长、读取距离大、标签数据可加密、存储容量更大等优点。

📧 **读一读**

ETC，即电子不停车收费系统，该系统通过安装在车辆挡风玻璃上的车载 RFID 标签与在收费站 ETC 车道上的 RFID 读写器，实现 ETC 车道短程通信，如图 3-2 所示。通过 RFID 技术，车辆通过高速公路或桥梁收费站时栏杆自动放行，ETC 车辆无须停车缴费，费用直接通过银行后台结算处理，保证整个路网畅通运行。

图 3-2 ETC 系统

2. 传感器技术

传感器技术是从物质世界中获取信息并对其进行处理、转换和识别的多学科现代科学与工程技术。传感器是一种检测装置，通常由敏感元件和转换元件组成，它能将感知到的预定物体的相关信息转换成电信号或其他需要的信号状态输出。传感器赋予了万物"感官"功能，物体可以通过各种传感器感知周围环境。传感器种类繁多，按照被测量类型可分为温度传感器、湿度传感器、位移传感器、加速度传感器、压力传感器、流量传感器等。按照传感器工作原理可分为物理性传感器（基于力、热、声、光、电、磁等效应）、化学性传感器（基于化学反应原理）和生物性传感器（基于酶、抗体、激素等分子识别）等。

传感器技术的应用极其广泛，已渗透工业生产、宇宙开发、海洋探测、环境保护、资源调查、医学诊断、生物工程、文物保护等领域。从茫茫的太空，到浩瀚的海洋，以至各种复杂的工程系统，几乎每一个现代化项目，都离不开各种各样的传感器。

读一读

　　某公安局接到一起报警电话，报警信息显示，在某交叉口附近，有车辆发生事故，车辆自动报警，民警第一时间出警寻找事故车辆。到达现场后，现场人员都非常意外，说他们没人报警。民警靠近驾驶员时闻到了非常浓重的酒气，现场经呼气式酒精测试仪检测驾驶员体内的酒精含量为 163 mg/100 ml，涉嫌醉酒驾驶，随后将男子带到医院进行抽血检测。后据男子交代，自己酒后驾车撞上绿化带，以为半夜没人发现，就赶紧喊朋友帮自己处理，没想到自己的汽车监测到车辆发生强烈碰撞事故，就自动报警了，最终也没能逃过法律的制裁。

3. 无线网络技术

　　在物联网中，物体之间要实现通信，离不开能够传输海量数据的高速无线网络。无线网络技术范围广泛，包括从允许用户建立远距离无线连接的全球语音和数据网络，到优化为近距离无线连接的红外线和无线电频率技术。通常用于无线网络的设备包括便携式计算机、台式计算机、手持计算机、个人数字设备 (PDAs)、移动电话、笔式计算机和寻呼机等。无线网络技术应用灵活、无须布线、扩展性好、移动便利，主要包括红外技术、蓝牙技术、RFID 技术、ZigBee 技术、Wi-Fi 技术、蜂窝移动通信技术等。

 读一读

　　随着"宅经济"兴起，非接触式、安防类及居家娱乐类产品愈加受到重视，伴随着市民居家时长的增加，人们对居家产品有了更多的思考和需求，这也从侧面助推了智能家居的发展和品质提高。

　　ZigBee 是一种高可靠的无线数传网络，网络节点数最大可达 65000 个，每一个 ZigBee 网络数传模块之间可以相互通信，每个网络节点间的距离可以从标准的 75m 无限扩展。经过最近十多年的快速发展，ZigBee 技术商业化已非常成熟，并被广泛地运用于智能工业、智能照明、智能家居等领域。

4. 人工智能技术

　　人工智能技术是一种用计算机模拟某些思维过程和智能行为 (如学习、推理、思考和规划等) 的技术，在很多学科领域都获得了广泛应用，并取得了丰硕的成果。在物联网中，人工智能技术主要是对物体的"语音"内容进行分析，从而实现计算机自动处理。

在内蒙古某牧场2号牛舍西门，身着穿戴式设备的奶牛群正有序地迈进巨大的旋转工作台，这是一家智慧农场里的场景。通过物联网，结合AI摄像头，农户即可实时监测奶牛的生理特征、身体状态、活动轨迹等系列生产数据。而银行也可以利用卫星及智能穿戴式终端对牧场中的动物资产进行实时数据采集，评估牧场的真实生产状态，进而辅助判断牧场经营情况。在生产、销售环节，还能配合物流物联网管理，跟踪所有动物资产的出售回款，形成牧场的数字资产，并以数字资产为依据为企业提供金融支持。

5. 云计算技术

云计算技术是一种以计算机网络技术为基础的超级计算模式。云计算技术以服务应用为目的，通过互联网的连接作用，将数以亿计的计算机及服务器连接构成计算机云端，以一定的组织形式将软硬件系统进行有机集合，并根据需要对组织形式进行不断调整。由于云计算强大的效率和极高的计算能力，可让用户享受瞬时、准确且精准的指令反馈，从而实现为广大客户群提供丰富的软硬件资源，提高人民生活的便利度。

物联网的发展离不开云计算技术的支撑，云计算技术可以为物联网提供安全可靠的数据存储中心，避免用户数据丢失及病毒侵入等问题的困扰。物联网终端的计算和存储能力是有限的，但云计算平台可以作为物联网的大脑，实现海量数据的存储和计算。

三、物联网在行业中的具体应用

物联网在社会生活的各个领域得到了广泛的应用，主要包括智慧农业、智慧交通、智能医疗、智能家居、智能安防等。

1. 物联网在交通领域的应用

随着城市化进程的加快，城市交通问题也变得越来越突出。智能交通在解决交通问题方面的作用效果日益凸显，受到越来越多的关注。智能交通指的是将先进的信息技术、数据传输技术以及计算机处理技术等有效地集成到交通运输管理体系中，使人、车和路能够紧密地配合，通过改善交通运输环境来提高资源利用率等。物联网作为新一代信息技术的重要组成部分，通过射频识别技术、全球定位系统等信息感应设备，按照约定的协议，把任何物体与互联网相连，进行信息交换和通信。物联网技术的不断发展也为智能交通系统的进一步发展和完善注入了新的动力。

📩 **读一读**

　　山东省德州市区部分公交站台上竖立起一批美观、时尚的公交智能电子站牌，引来市民驻足围观，如图 3-3 所示。该智能电子站牌不仅能显示公交线路、公交站名、天气、时间，还能对公交车位置动态、公交车进站，进行语音播报，发布公益广告。智能电子站牌的推出，进一步改善了广大市民的乘车环境，并不断尝试新科技、新产品在公交领域的应用，为全力打造智慧公共交通系统，改善公共交通出行环境，提升群众生活质量，实现出行信息科学化、数据化、可视化，使市民出行更加舒适、便捷。

图 3-3　公交智能电子站牌

2. 物联网在智慧农业中的应用

　　物联网可以推动现代智慧农业发展精准化的生产方式，建立基于环境感知、实时监测、自动控制的网络化农业环境监测系统。在大宗农产品大规模生产的区域，构建天地一体的农业物联网测控体系，实施智能节水灌溉、测土配方施肥、农机定位耕种等精准化作业。在畜禽标准化大规模养殖基地和水产健康养殖示范基地，推动饲料精准投放、疾病自动诊断、废弃物自动回收等智能设备的应用普及和互联互通。综合利用大数据、云计算等技术，建立农业信息监测体系，为灾害预警、耕地质量监测、重大动植物疫情防控、市场波动预测、经营科学决策等提供服务。完善农副产品质量安全追溯体系，利用现有互联网资源，构建农副产品质量安全追溯公共服务平台，对生产经营过程进行精细化、信息化管理，加快推动移动互联网、物联网、二维码、无线射频识别等信息技术在生产加工和流通销售各环节的推广应用，强化上下游追溯体系对接和信息互通共享，不断扩大追溯体系覆盖面，实现农副产品"从农田到餐桌"全过程可追溯,保障"舌尖上的安全"。

读一读

在湖北省秭归县某智慧农业示范园内,气象墒情自动监测设备、山地果园轨道等"物联网+智慧农业"装备遍布田间,如图3-4所示。

"园区采取水肥一体化灌溉,当监测系统显示土壤湿度不够的时候,我就可以通过手机对这个区域进行定时定量的灌溉。"当地橙农刘大爷说。现在一个人加上一部手机就可以搞定30多亩地的灌溉。在秭归,像这样安装有智慧水肥一体化系统的橘园有8000多亩。农田管理者可以通过网络或手机远程操作,实现灌溉施肥自动化。数据显示,在水肥一体化示范区,每亩柑橘能节水70%以上,节肥40%以上,省工90%以上。

秭归县还集合柑橘产业链各平台数据和部门资料,建设"柑橘产业大脑",实现从田间到舌尖的全程质量可管、可防、可控、可查。每一个进入市场的脐橙鲜果,都带着"健康码",消费者只要用手机扫描鲜果上的"健康码",果园采集基地自然生态信息、树体果实生理发育信息等都会显示出来。

图3-4 智慧农业示范园

3. 物联网在智能医疗中的应用

物联网技术在智能医疗领域的应用技术,主要有物资管理可视化技术、医疗信息数字化技术、医疗过程数字化技术三个方面。

物联网RFID技术开始广泛应用在医疗机构物资管理的可视化技术中,可以实现医疗器械与药品的生产、配送、防伪、追溯,避免公共医疗安全问题,实现药品追踪与设备追踪,可对科研、生产、流动、使用等各个过程进行全方位实时监控，有效提升医疗质量并降低管理成本。物联网在医疗信息管理等方面具有广阔的应用前景。目前医院对医疗信息管理的需求主要集中在身份识别、样品识别、病案识别等方面。其中，身份识别主要包括病人的身份识别、医生的身份识别。样品识别包括药品识别、医疗器械识别、化验品识别等。病案识别包括病况识别、体征识别等。

利用物联网技术，可以构建以患者为中心，基于危急重病患者的远程会诊和持续监护服务体系，减少患者进医院和诊所的次数。居民的健康信息可通过无线和视频方式传送到医院，并建立个人医疗档案，提高基层医疗服务质量。医生可以进行虚拟会诊，为基层医院提供大医院大专家的智力支持，将优质医疗资源向基层医疗机构延伸。构建基于临床案例的远程继续教育服务体系等，提升基层医院医务人员继续教育质量。

 读一读

> 根据世界卫生组织的统计数据，全球假药比例已经超过10%，销售额超过320亿元。中国药学会有关数据显示，每年至少有20万人死于用错药与用药不当，有11%～26%的不合格用药人数，以及10%左右的用药失误病例。因此，RFID技术对药品与设备进行跟踪监测从而整顿规范医药用品市场有重要作用。

4. 物联网在智能家居中的应用

物联网产业作为我国新兴的战略性产业得以迅猛发展，智能家居可以方便地利用物联网技术，实现智能化识别、定位、跟踪、监控和管理，满足人们在舒适的基础上对建筑智能化、高效化、便捷性、节能环保等方面的需求，如图3-5所示。智能家居也称家居自动化，是指家居、家务事或日常事务的自动化，是"建筑自动化"在个人住宅领域的扩展。智能家居利用计算机和信息技术控制家用电器，将整个屋子里面的电子设备全部集成起来，实现不同程度的智能和自动化，为用户提供便利、舒适、节能和安全的生活环境。智能家居技术包括建筑自动化技术以及家庭活动控制技术，如家庭娱乐系统、室内植物及庭院浇水、宠物喂养、改变环境场景、家庭服务机器人等。这些设备通过计算机网络连接，实现家居环境的信息化集成，使生活更舒适、更安全、更有效，为居住者提供一个"聪明的生活空间"。

图 3-5　智能家居

『学习总结』

1. 物联网具有全面感知、可靠传递、智能处理等特征及功能。

2. 物联网主要由感知层、网络层和应用层构成。

感知层关键技术：RFID 技术、传感器技术、条形码技术等。

网络层关键技术：ZigBee 技术、Wi-Fi、蓝牙、GPS 等。

应用层关键技术：标识和解析技术、信息和隐私安全技术、软件和算法等。

3. 物联网在各个领域的应用日渐增多，目前主要包括智慧农业、智慧交通、智能医疗、智能家居、智能安防等。

『学习延伸』

如何使用物联网技术预防"湖北燃气事件"再发生

2021 年 6 月 13 日，湖北省十堰市张湾区艳湖小区集贸市场发生燃气爆炸事故，造成重大人员伤亡。国务院安委会对该起事故查处进行挂牌督办，应急管理部已联合住建部等部门推动各地区全面摸排使用燃气的集贸市场、餐饮等生产经营单位底数，尽快安装燃气泄漏报警装置等，切实解决影响燃气安全的突出问题，坚决防范遏制类似事故发生。此次湖北十堰发生的液化天然气爆炸的事故，向我们敲响警钟，让燃气事故引起了更多人的注意。

从这次惨痛的经验教训中，我们应该反思如何做才能减少悲剧的发生。其中有一点是可以非常肯定的，即实时监控燃气设备设施和燃气使用状况，事先进行火灾风险评估、风险预警和及时动态干预等,就能最大程度降低火灾发生的概率和悲剧发生产生的经济损失。所以这次燃气爆炸事故,也凸显了监测、预防的重要性,利用物联网相关技术来保障用气安全也是趋势。

深圳市腾讯计算机系统有限公司旗下的腾讯连连提供的物联网安全保障服务是基于物联网的防火安全保障产品,可以帮助用户合理评估并控制安全风险的发生,包含物联网设备、物联网应用等模块,以及覆盖物联网通信算法及城市级大规模的应急安全网络,保障稳定的通信环境,为人们带来可靠的安全服务。

物联网设备监测,通过增加智能传感器,利用物联网技术,可以实现对电气信息、烟雾、压力、流量、燃气等数据的监测;通过实时记录和分析管网运行健康数据,可以实现管网地理空间、运行状态信息的集成以及管网运行状态的动态安全监管。通过监管系统,不仅可以为燃气公司提供可靠、有效、有用的自动化在线监测技术手段,还可以加强燃气管网安全监测,提升危险报警响应时间,以便快速处置燃气管网突发报警事件。

现实生活中,燃气爆炸事故的点火源存在着多样性和不可控性。因此,防范燃气爆炸事故应重点从防范燃气泄漏入手。而物联网安全保障 SaaS 产品能够通过各项数据,分析当前表具的运行状态。当表端出现大流量超限、小流量微漏、用气不计量、低电量等异常现象时,应向应用端发送预警信号,如图 3-6 所示。燃气管理机构管理员可以通过管理控制系统直接对表具下发关阀指令,这在提升了用户使用安全性的同时,也便于维修人员有针对性地进行维修。

图 3-6　火情报警设备

任务二　物联网在智能家居中的应用

『学习情境』

　　"亲爱的主人，起床了，美妙的一天又开始了⋯⋯"温柔的声音将你从睡梦中唤醒，窗帘自动拉开，外面的晨曦正好，洗漱台灯打开，你喜欢的新闻或音乐响起，机器人开始扫地，厨房里智能厨具已将根据你近期身体状况定制的早餐准备妥当，诱人的香味阵阵袭来。吃完早餐，你的生活管家已经将洗净烘干的衣服归类，并根据今天的天气和日程安排搭配好衣物饰品等你穿戴。出门上学，你的生活管家告诉你今日的天气状况并将雨伞备好在门口。变天了，不用担心，家里的窗户已自动关闭，门窗外有陌生人，你的管家及时报告给你。回家后，家里的空调已调至适宜的温度，运动手环根据你的心率给出了运动建议⋯⋯

　　这些从前只会出现在科幻电影中的场景，现在有很多已经走入了我们的生活中，如图3-7所示。智能家居就像一个管家，会根据你的指令，完成相应任务；会根据你的习惯和生活环境，调节适合的房间灯光和温湿度；会根据传感器和手环的反馈，了解你今天的身体状态，并结合你的习惯，为你推荐合适的食谱。你出门后，她也时刻为你守护着你的爱家，一旦发生燃气泄漏，会报警提示，并且及时开始通风淋水，将危险消灭于萌芽。如果有人非法侵入，也会自动连接报警系统。如果家中有老人或者小孩，还可以实时监控他们的状况，为主人扫除后顾之忧。

图 3-7　智能家居

『 学习目标 』

1. 了解智能家居平台的特点；

2. 了解物联网在智能家居中的应用；

3. 理解智能家居的发展原则及趋势。

『 学习探究 』

活动一　认识智能家居

智能家居，又称智能住宅，是指通过先进的计算机技术、网络通讯技术、综合布线技术等，将与家居生活有关的各种子系统（如安防、照明、窗帘控制、空调控制、地板采暖等）有机地结合在一起，通过网络化综合管理，让家居生活更加舒适、安全和有效。

一、智能家居的主要功能

智能家居系统通过集成各种智能设备和传感器，为用户提供了丰富多样的功能，从而极大地提升了居住的舒适性和便捷性。

1. 远程控制计算机等终端设备

用户可以随时随地控制家中的各种智能设备，无论用户身处何地，只要通过网络连接，就能轻松实现对家中设备的操作。例如，在离家外出时，突然意识到忘记关灯，就可以通过手机远程关闭灯光。同样，如果用户在外出前想要预热家中的暖气或空调，也可以远程进行操作。

2. 自动化管理

根据预设的条件或场景自动执行相应的操作，实现家居环境的自动化管理。通过设定规则，系统可以在特定时间或满足特定条件时自动调整灯光、窗帘、空调等设备。例如，系统可以在用户下班回家前自动打开空调、调整室内温度，或者在用户离开家后自动关闭所有电器以节省能源。

3. 安全监控

智能家居系统配备了各种安全监控设备，如摄像头、烟雾报警器、门窗传感器等，以提供全方位的安全保障。摄像头可以实时监控家中的情况，并通过手机应用随时查看；烟雾报警器能够在火灾发生时及时发出警报；门窗传感器则可以检测门窗的开合状态，一旦有异常情况（如非法入侵），系统会立即通过短信或电话通知用户。

4. 节能环保

智能家居系统通过智能调节家电的运行状态，实现节能环保的目标。系统可以根据室内外温度和湿度自动调节空调、暖气等设备的运行模式和温度设定，避免能源的浪费。此外，系统还可以监控家中的用电情况，帮助用户更加合理地分配电力资源。

5. 娱乐互动

智能家居系统通过与音箱、电视等娱乐设备的连接，为用户提供了丰富的娱乐功能。用户可以通过语音控制播放音乐、电影等媒体内容，实现与家居设备的智能互动。此外，一些高级的智能家居系统还支持与游戏设备的连接，为用户带来更加沉浸式的娱乐体验。

二、智能家居的常用设备

智能家居的实现离不开各种智能设备的支持。这些设备通过互联互通，共同构建了一个智能化的家居环境。

1. 智能音箱

作为智能家居的语音交互入口，智能音箱能够识别用户的语音指令，并控制相应的智能设备。例如，用户可以通过说出"打开客厅灯"或"播放音乐"等指令，让智能音箱执行相应操作。

2. 智能照明设备

智能灯泡/灯带是可调节亮度、色温的 LED 照明产品，支持远程控制和定时开关。用户可以根据个人喜好和场景需求，轻松调整家中的光线氛围。智能开关能够控制传统灯具的开与关，实现灯光的智能化管理。部分高级智能开关还支持手势控制、触摸控制等多种交互方式。

3. 智能安防设备

智能摄像头是具备实时监控、录像、拍照等功能的摄像头，支持远程查看和控制。部分智能摄像头还具备人脸识别、移动侦测等高级功能，提高家庭安全性。烟雾报警器和燃气报警器能够检测烟雾和燃气泄漏，并及时发出警报。门窗传感器用于检测门窗开合状态以及入侵行为的设备，为家庭提供额外的安全保障。

4. 智能环境监测设备

温湿度传感器能够实时监测室内温度和湿度，帮助用户了解家居环境状况，并与其他智能设备协同工作，实现自动调节室内温湿度的功能。空气质量检测仪用于检测室内空气中的有害物质（如 PM2.5、甲醛等），帮助用户及时了解并改善室内空气质量。

5. 智能家电

智能冰箱具备远程控制、食材管理、故障诊断等功能，可提升用户的使用体验。智能洗衣机具备远程控制、洗涤程序定制、能耗监测等功能，可让用户更加便捷地管理家务。智能扫地机器人能够自动规划清扫路线、进行吸尘和拖地等清洁工作的机器人，减轻用户的家务负担。

6. 智能窗帘与遮阳设备

智能窗帘是支持远程控制和自动化管理的窗帘，它可以根据时间、光线等因素自动调节开合程度。智能遮阳篷类似于智能窗帘，但更侧重于户外遮阳设备的智能化管理。

7. 智能影音设备

智能电视不仅具备传统电视的观看功能，还支持与智能家居系统的连接和互动，实现更加丰富的娱乐体验。智能家庭影院提供高品质音频输出的设备，可与智能家居系统协同工作，打造沉浸式的家庭娱乐环境。

 搜一搜

了解智能家居的发展历程与现状。说说你的感想吧！

活动二　物联网技术在智能家居中的具体应用

随着科技的飞速发展，物联网技术已经渗透到我们生活的方方面面，尤其在智能家居领域，其应用日益广泛。物联网技术通过信息传感设备，将各种物体与网络相连，实现智能化识别、定位、跟踪、监控和管理。在智能家居中，物联网技术的运用不仅提升了家居生活的便捷性，还增强了安全性和节能环保效果。

物联网智能家居，是指通过物联网技术将家居环境中的各种设备连接起来，实现智能化控制和管理。这些设备包括但不限于照明系统、安防系统、环境监测系统以及各类智能家电。通过物联网技术，这些设备能够相互通信、协同工作，为用户提供更加个性化、智能化的家居服务。

一、物联网在智能家居中的具体应用

1. 智能照明系统

用户可以使用手机 App 或智能语音助手远程操控家中的灯光设备，如开关、调光和场景设置等。例如，在外出前通过手机 App 关闭所有灯光，或在家中使用语音指令打开特定房间的灯光。物联网技术可实现照明设备与其他智能家居设备的联动。如设定"回家模式"时，系统自动开启玄关灯和客厅灯；设定"离家模式"时，则自动关闭所有灯光，既方便又节能。用户可以根据喜好和需求，通过物联网平台调整灯光的颜色、亮度、闪烁频率等，创造个性化的家居氛围。

2. 智能安防系统

家中的摄像头可以通过物联网进行远程实时监控，用户可以随时查看家中情况，确保家庭安全。同时，录像功能也便于事后回溯和查看。通过设置报警系统和传感器，如门窗传感器、红外传感器等，一旦检测到异常情况（如非法入侵），系统会立即触发报警信息通知用户。物联网技术还可实现智能门禁控制，通过指纹、密码、手机验证等方式确保家庭安全。

3. 智能环境监测系统

物联网环境监测系统能够检测室内的 PM2.5、甲醛等有害物质含量，并通过 App 实时反馈给用户，帮助用户及时采取措施改善室内空气质量。通过温湿度传感器实时监测室内的温度和湿度，并根据用户需求自动调节空调、加湿器等设备，以达到舒适的居住环境。还可以设置自动化场景，如当室内温度超过一定阈值时自动开启空调制冷模式。通过设置漏水传感器及时检测家中水管是否漏水，一旦发现漏水情况会立即通知用户进行处理，避免造成不必要的损失。

4. 智能家电控制与管理

用户可以使用手机 App 远程控制家中的各种智能家电，如空调、电视、洗衣机等。无论身处何地都能实现对家电的开关、模式和参数的调整。通过物联网平台设置定时任务或自动化场景，如定时开启空调预热房间、设置影院模式自动调暗灯光并打开电视等。物联网技术还可以实时监测家电的能耗情况，并通过数据分析提供节能建议，帮助用户更加合理地使用能源。

读一读

在小区门口，双手都拎着购物袋的小区业主王大妈站在门禁系统前，不到一秒，系统识别成功，大门应声而开。大妈连连称赞："刷脸现在是我们小区最受欢迎的智能装备。以前，我们提着东西进大门还要翻钥匙，现在刷个脸就进去了，太方便了。自从小区里有了智慧门禁和人脸识别系统，外面的人不能随便进来，我心里更踏实了。"

人脸识别门禁系统可以实现无接触、无感通行，大大提升了通行效率，在小区筑起了安全防线，可以在人员进出的第一道关口识别、验证和筛选用户身份，可以有效防止陌生人或者不法分子随意进入，既方便业主，又能实现安全管理，降低小区安全事件的发生。系统还能赋予小区更加人性化的服务，如对小区里的独居老人、残障人士等特殊群体，人脸识别门禁系统不但能够检测到这些人员的出入信息，还能自动预警，提醒社区工作人员及物业及时关注他们，极大提升了小区人性化的管理服务水平。

二、物联网智能家居的优势

物联网智能家居相较于传统家居方式，展现出诸多显著优势。

1. 实时性与精准性

物联网技术能够实时收集家居环境中的各种信息，如温度、湿度、光照等，确保用户随时了解家居状态。通过精确的数据分析，智能家居系统可以为用户提供更加个性化的服务，如根据室内外温差自动调节空调温度，既舒适又节能。

2. 智能化与自动化

智能家居系统具备自主学习能力，能够根据用户的生活习惯和需求进行智能调整，减少手动操作的烦琐。通过预设场景模式，如"回家模式"或"睡眠模式"，系统可以自动执行一系列设备操作，提升生活便捷度。

3. 安全性与隐私保护

物联网智能家居配备先进的安全防护措施，如加密通信、远程监控等，确保用户数据的安全传输与存储。智能安防系统能够 24 小时不间断地监控家居环境，及时发现并处理安全隐患，如入侵检测、火灾预警等。

4. 节能环保与可持续性

智能家居系统通过精准控制家电设备的能耗，避免能源浪费，实现节能减排。例如，智能恒温器可以根据室内外温度和用户偏好自动调节暖气或空调的使用。系统还可以监测水资源的使用情况，通过智能节水设备如智能洗衣机、智能灌溉系统等，减少水资源的浪费。

5. 互操作性与集成性

物联网技术使得不同品牌和类型的智能家居设备能够实现互联互通，提升设备的互操作性。用户可以通过统一的界面或平台对各类设备进行集中管理，实现家居生活的全面智能化。

6. 便捷性与舒适性

物联网智能家居提供了远程控制和语音控制等多种交互方式，使得用户可以随时随地操控家居设备，极大提升了生活的便捷性。通过智能设备的自动调节和协同工作，智能家居系统能够为用户创造更加舒适和人性化的居住环境。

 搜一搜

你的家里是否有智能家居的设备？

活动三　物联网智能家居的发展趋势

随着科技的不断进步，物联网技术正逐渐成为智能家居领域的核心驱动力。物联网技术通过连接各种智能设备，实现设备之间的互联互通，为家居生活带来了前所未有的便利和智能化体验。

一、设备互联互通的普及

设备互联互通是物联网技术在智能家居中的核心应用之一，其普及程度将直接决定智能家居的便捷性和高效性。

1. 增长趋势与市场规模

随着物联网技术的成熟，智能家居设备的互联互通功能正在快速普及。根据市场研究报告，具备互联互通功能的智能家居设备将保持高速增长，市场规模持续扩大。消费者对智能家居的需求日益增长，推动了设备互联互通技术的不断创新和应用。例如，越来越多的家庭开始采用智能音箱作为家居控制的中心，通过语音指令实现各种设备的联动。

2. 跨品牌与跨平台兼容性

早期智能家居市场，不同品牌和平台的设备之间存在兼容性问题，限制了设备互联互通的实现。随着行业标准的逐步统一和开放平台的兴起，跨品牌和跨平台的兼容性正在得到显著提升。越来越多的智能家居设备开始支持通用的通信协议和接口标准，如 Zigbee、Wi-Fi、蓝牙等，使得不同品牌和类型的设备能够轻松实现互联互通，为用户提供了更多选择和灵活性，促进了智能家居市场的繁荣发展。

3. 中央控制系统与智能化场景

设备互联互通的普及推动了中央控制系统的发展。通过智能手机 App、智能音箱或专门的智能家居控制中心，用户可以轻松地集中管理家中的各种设备，实现一键控制、定时任务、场景模式等高级功能。智能化场景的设置使得设备互联互通更加实用和便捷。例如，用户可以自定义"回家模式"，当到家时，通过一句语音指令或一次按键操作，即可同时开启门锁、打开灯光、调节空调温度等，营造舒适的家居环境。

二、人工智能与物联网的深度融合

1. 智能化决策与控制

借助 AI 技术，智能家居系统能够进行更加智能化的决策和控制。例如，通过机器学习和数据分析，系统可以预测用户的行为和需求，并据此自动调整家居设备的运行状态，提供个性化的服务。智能温控系统可以根据用户的习惯和外界环境，自动调节室内温度，既保证舒适度又实现节能。智能照明系统则可以根据光线和时间自动调节灯光亮度和色温，提供更加舒适的视觉环境。

2. 学习与适应能力

AI 技术使智能家居设备具备了强大的学习和适应能力。通过机器学习算法，设备可以不断优化自身的运行策略，提高效率和准确性。例如，智能洗衣机可以根据用户的使用习惯和衣物材质，自动调整洗涤程序和时间，以达到最佳的洗涤效果。这种个性化的服务体验正是 AI 与 IoT 深度融合的体现。

3. 预测性维护与故障预警

借助物联网传感器的实时监测数据和 AI 的分析能力，智能家居系统可以实现预测性维护和故障预警。系统能够及时发现设备的异常情况，并提前通知用户进行维护或更换部件，避免设备损坏或发生更严重的故障。这不仅延长了设备的使用寿命，还提高了家居系统的整体稳定性和安全性。

4. 能源管理与节能

AI 与 IoT 的融合还在能源管理方面发挥了重要作用。通过实时监测家居设备的能耗数据，并利用 AI 算法进行分析和优化，智能家居系统可以帮助用户更加合理地使用能源，降低能耗和成本。例如，智能电表可以实时监测家庭的用电情况，并提供节能建议；智能空调系统则可以根据室内外温度和用户的舒适度需求，自动调节运行模式和温度设定，实现节能与舒适的平衡。

5. 安全与隐私保护

在 AI 与 IoT 深度融合的过程中，安全与隐私保护是不可忽视的重要环节。通过采用先进的加密技术、身份认证和访问控制机制等安全措施，确保用户数据的安全性和隐私性。智能家居系统还可以提供实时的安全监控和预警功能，如入侵检测、火灾预警等，为用户提供更加全面的安全保障。

三、云端服务的整合与优化

云端服务在智能家居中扮演着关键角色，它通过整合各种智能家居设备和功能，提供集中、高效的服务。

1. 集中管理与控制

云端服务允许用户通过单一的界面或平台，集中管理家中的多种智能设备，如智能灯泡、门锁、空调等。这种集中化的管理方式简化了用户操作，提高了使用效率。通过云端平台，用户可以随时随地远程控制家居设备，无论身处何地，都能确保家居环境的安全与舒适。

2. 数据存储与分析

云端服务提供了大规模的数据存储能力，用于保存智能家居设备产生的各种数据，如使用记录、能耗数据等。这为用户提供了数据备份和查询的便利。利用大数据分析技术，云端服务可以对这些数据进行深入挖掘和分析，帮助用户发现设备使用中的潜在问题和节能优化的空间。

3. 服务扩展与定制

云端服务的灵活性使得它可以轻松扩展新的功能和服务。例如，通过整合第三方应用和服务，云端平台可以为用户提供更加丰富的智能家居体验，如智能语音助手、在线购物等。同时，云端服务还支持个性化定制，用户可以根据自己的需求和喜好，定制独特的智能家居场景和模式。

4. 响应速度与稳定性提升

通过优化服务器架构和网络传输协议，云端服务能够提供更快的响应速度和更稳定的连接。这确保了用户在使用智能家居设备时能够获得流畅、稳定的体验。此外，云端服务还具备强大的容错和灾备能力，能够在设备故障或网络异常情况下保持服务的连续性和稳定性。

📖👤 谈一谈

你会选择使用智能家居吗？如果选择，你会用它来解决你生活中的哪些问题？请谈一谈你的想法。

『学习总结』

1. 智能家居是一个交互平台，它把各种设施设备、各子系统的内容和信息在平台上进行交互。它的平台有四个方面的特点。

2. 物联网在智能家居的具体应用主要体现在智能家电及照明控制系统、智能安防系统、家庭能耗监控系统、家庭环境控制系统、智能监护系统等。

3. 智能家居的发展遵循"实用、可靠、安全、便捷"的原则，其发展趋势为：感知更加智能化、业务更加融合化、终端更加集约化、终端接入无线化。

『学习延伸』

物联网技术在智能家居中的作用

随着科技的飞速发展，物联网技术正逐渐渗透到我们生活的方方面面，其中，智能家居领域尤为引人注目。物联网技术的融入，让家居环境变得更加智能、便捷和舒适。那么，物联网技术究竟是如何在智能家居中发挥作用的呢？

物联网技术，简单来说，就是通过互联网将各种物品连接起来，实现信息的共享和远程控制。在智能家居领域，物联网技术就像是一张巨大的网，将家中的各种设备、传感器等连接在一起，形成一个智能化的系统。在这个系统中，物联网技术使得家居设备能够相互通信、协同工作。比如，当你回到家中，智能门锁能够识别你的身份并自动开锁；同时，智能照明系统会根据室内的光线情况自动调节灯光亮度；智能空调则会根据你的喜好和室内温度自动调节到最舒适的温度，如图 3-8 所示。这一切，都是物联网技术在背后默默发挥着作用。

图 3-8　智能家居控制系统

除了提供便捷的生活体验外，物联网技术还为智能家居带来了更高的安全性。通过安装各种传感器和监控设备，智能家居系统能够实时监测家中的安全状况，一旦发现异常情况，如火灾、入侵等，系统会立即发出警报并通知用户。此外，物联网技术还使得智能家居系统具备了学习能力。通过收集和分析用户的使用习惯，系统能够逐渐了解用户的需求，并主动提供服务。比如，当你每天晚上都习惯在客厅看书时，智能照明系统就会自动为你调节到适合阅读的灯光模式。当然，物联网技术在智能家居中的应用还远远不止这些。随着技术的不断进步和创新，未来我们将会看到更多令人惊叹的智能家居场景变为现实。

然而，物联网技术的广泛应用也带来了一些挑战，如数据安全和隐私保护等问题。因此，在享受智能家居带来的便捷和舒适的同时，我们也要时刻关注自己的信息安全，选择可信赖的智能家居产品和服务商。总之，物联网技术在智能家居中的应用正逐渐改变着我们的生活方式。它让家居环境变得更加智能化、人性化，为我们带来了前所未有的生活体验。随着技术的不断发展，相信未来的智能家居将会更加精彩！

任务三　体验用智能音箱控制照明灯

『学习情境』

　　"妈妈，我怕黑。""没事，有灯呢。小度小度，请打开走廊灯。"走廊灯应声而开。

　　随着人们生活水平的提高，越来越多的家庭在装修时都开始安装智能照明系统。智能家居照明系统可以提高住宅照明光环境质量，充分考虑人的视觉效果，还考虑到人体因受到季节光照减少而产生的"季节性情感紊乱"，创造出一个个性化、艺术化、舒适、高雅的居住环境。较为传统的智能灯光控制主要通过遥控、人体感应、触控等方式进行灯光的控制，随着技术进步，一些企业生产的智能音箱已经可以实现语音控制家庭照明灯光的开关、明暗调节等功能。

『学习目标』

　　1. 了解智能语音交互系统的功能；

　　2. 熟悉用智能音箱控制照明灯的流程；

　　3. 能使用智能音箱控制照明灯。

『学习探究』

　　智能音箱可以使用语音进行控制，人们可以用它来点播歌曲、上网购物、了解天气预报等，也可以对家里的智能家居设备进行控制，如打开窗帘、设置冰箱温度、提前让热水器升温、打开照明灯等。智能语音交互系统是智能音箱实现"智能"的关键，它需要具备远场识别、唤醒词、语音识别、语义理解等几个方面的功能。生活中还有很多支持智能语音交互系统的设备，如新能源汽车、手机、可穿戴设备等。

 搜一搜

　　市面上主流的智能音箱有哪些？

活动　使用智能音箱控制照明灯

在使用智能音箱控制智能家居设备的过程中，智能音箱对用户的命令如"打开电灯"等进行语音收集与识别后，将语音进行数字编码并通过云端服务器进行语义理解，将得到的释义信息反馈给家庭路由器。路由器将这条控制指令进行广播，智能家居设备对接收到的广播信号进行识别，如涉及自身的 IP 号，智能设备将进行识别并确认，然后完成相应的指令，如图 3-9 所示。

图 3-9　智能音箱

智能音箱有多种品类，每种智能音箱的配置方法略有不同，以下以小度智能音箱为例进行介绍，主要包括音箱配置、灯泡配置、实现控制三个步骤。

一、配置智能音箱

1. 接通电源，下载手机 App

取出智能音箱并连上电源，在听到语音后，可以根据语音提示扫描说明书上的二维码，或者扫描底部的二维码下载相应音箱的 App，如图 3-10 所示。

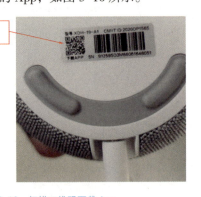

图 3-10　扫描二维码下载 App

2. 登录账号

下载好 App 后，打开 App，勾选同意协议后用百度账号登录，如图 3-11 所示。

图 3-11　登录 App

3. 连接音箱

登录成功后，添加使用的智能音箱，点击"选择设备"，如图 3-12 所示。

图 3-12　点击"选择设备"

进入全部设备的页面，点击"⊕"，进入添加设备页面，并根据提示赋予相应权限，如图 3-13 所示。

图 3-13　连接设备

选择音箱系列，然后开始搜索音箱，搜索成功后，点击"开始配置"，如图 3-14 所示。

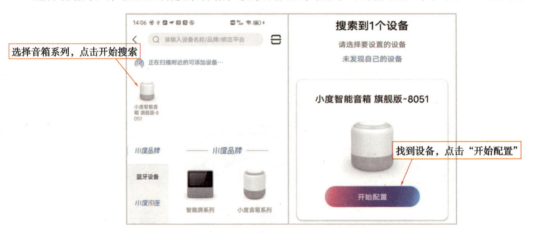

图 3-14　搜索音箱并配置

4. 音箱联网

进入"选择 Wi-Fi 网络"，选择你家的无线网络，输入密码后点击"一键配网"，如图 3-15 所示。

然后等待 1 分钟配置网络，成功后会有语音提示，如图 3-16 所示。

图 3-15　连接网络

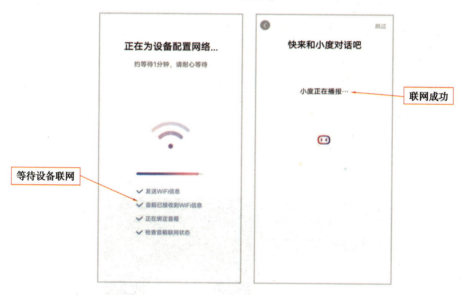

图 3-16　配网成功

二、配置灯

　　正确安装小灯泡并打开开关（支持相关系列智能音箱的灯泡均可），如图 3-17 所示。

　　这时灯泡进入呼吸慢闪的配网模式，使用语音对智能音箱说"小度小度，连接灯泡"，音箱开始搜索可连接的灯泡，语音提示是否确认连接，回复"确认"，就可以连接灯泡并用语音操控它了。

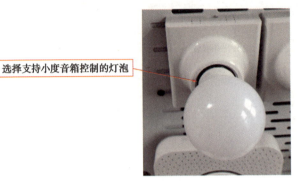

选择支持小度音箱控制的灯泡

图 3-17 安装灯泡

三、用智能音箱控制照明灯

1. 语音控制

使用智能音箱采用的命令格式发布相关命令即可实现开关灯、调节亮度、色温及切换情景模式等操作。例如"小度小度，请开灯""小度小度，请关灯""小度小度，请把灯调成夜晚模式"等。

在操作时，为增加辨识度，请尽量使用普通话，保持室内安静。

2. 智能音箱 App 控制

打开智能音箱 App，点击底部的全部设备，选择灯泡。这时就可以利用 App 控制灯了，如图 3-18 所示。

点击电灯图标，进入控制界面

点击相应按钮进行控制

图 3-18 用 App 控制灯

『学习总结』

1. 智能语音交互系统具备以下几个方面的功能：远场识别、唤醒词、语音识别、语义理解等。

2. 实现智能音箱对照明灯的控制主要需要进行音箱配置、灯配置、实现控制三个步骤。

『学习延伸』

智能音箱的五大功能

1. 语音交互体验

从最早的 AmazonEcho 智能音箱开始，基于 alexa 语音助手的超强交互一直是智能音箱最为核心的优势。

目前国内推出的智能音箱也在语音交互方面进行了更加深入的研究，提升了智能音箱对于自然语义的理解。用户可以通过语音来操控智能音箱，从最基本的语音点歌，到相对比较复杂的上网购物等。语音交互是智能音箱的核心所在。

2. 有声资源播放

音箱作为一种播放载体，自然离不开内容的支撑。而对于智能音箱来说，内容不再仅仅只是音乐，而是包括各类有声资源。

以京东叮咚智能音箱为例，通过与百度音乐、考拉 FM、喜马拉雅 FM、得到、今日头条、腾讯等的合作，用户可以在智能音箱上选择更多的音频内容，满足用户对于内容的全方面需求。

3. 智能家居控制

智能音箱一直被看作未来智能家居的控制终端，而这也是各大厂商十分看重的一点。

从现阶段的发展情况来看，智能音箱已经能够控制基本的智能家居设备，包括灯光、窗帘、电视、空调、洗衣机、电饭煲等。不过这些功能的实现需要智能家居设备的支持，所以在智能家居设备尚未普及的情况下，智能音箱想要成为家中的控制终端还需要很长一段时间。

4. 生活 O2O 服务

生活服务也是智能音箱非常重要的功能，可以通过与支付宝口碑、滴滴出行等第三方应用的合作，给用户提供查询餐厅促销信息、路况、火车、机票、酒店等信息。

通过自身依靠的强大电商平台，用户还可以通过语音在音箱上实现购物，或者借助第三方应用，实现其他类型的 O2O 服务。

5. 生活小工具

基于家庭的使用场景，智能音箱还开发了一些非常实用的小工具。

有些智能音箱拥有如计算器、单位换算、查限行、星座运势、留言机等小工具。相比人们常用的智能手机，智能音箱只需"动嘴"，使用起来也会更加方便。

目前智能音箱已经拥有非常丰富的功能了，但是对于这个行业来说，智能音箱依然处于初级阶段，最常用的功能还是听音乐，其他功能还需要进一步的完善，才能真正应用于日常生活。

项目四 工业互联网与智能制造

任务一 认识工业互联网技术

『学习情境』

深圳某手机工厂原有的手机生产车间需要布设网线9万米，每条生产线平均拥有186台设备。随着手机机型的更新，生产线需要进行升级和调整，要求车间的所有网线重新布放，每次调整需要停工2周，一天停工影响产值达1000多万元。后来，该工厂通过5G与工业互联网的融合应用，把生产线的108台贴片机、回流炉、点胶机等生产设备通过5G网络实现无线化连接，把生产线调整时间从2周缩短为2天。每条生产线需要的工人由之前的86名减少到17名，实现了从原材料到出货，包括配送、装配、测试及包装等全生产流程自动化完成。现在，该工厂每条生产线每天可生产大约2400部手机，如图4-1所示。

图 4-1 某手机工厂智能化生产车间

『学习目标』

1. 了解工业互联网的含义、特征及功能；

2. 理解工业互联网的主要技术类型及应用；

3. 能发现二维码等工业互联网技术在身边的应用。

『学习探究』

活动一　认识工业互联网

在数字化、网络化日益普及的今天，一个全新的概念逐渐走进了我们的视野——工业互联网。它不仅是工业领域与信息技术结合的产物，更代表着未来工业发展的方向。那么，究竟什么是工业互联网？它又能为我们的生活和工作带来哪些改变呢？接下来，就让我们一起走进工业互联网的世界，去探寻它的奥秘。

一、工业互联网的基本概念

工业互联网，顾名思义，是工业领域与互联网技术的深度融合。它通过互联网平台，将分散的工业设备、生产过程、产品以及服务紧密地连接在一起，形成一个庞大的网络。在这个网络中，数据成为流动的血液，为工业的智能化、高效化提供源源不断的动力。

二、工业互联网的特点

工业互联网作为新一代信息技术与工业经济深度融合的应用模式，具有鲜明的特点，主要体现在以下几个方面。

1. 高度智能化

通过物联网技术，工业互联网实现了设备之间的无缝连接，使得设备能够相互通信，共享数据，从而形成一个智能化的网络环境。利用先进的数据采集技术，实时收集生产过程中的各种数据。随后，通过大数据分析技术，对这些数据进行深入挖掘和分析，为企业提供有价值的信息和洞察。基于数据分析的结果，为企业提供智能化的生产和管理方案。不仅有助于提高生产效率，还能降低运营成本，增强企业的市场竞争力。

2. 高效性

工业互联网通过实现设备间的高效协同，打破了传统生产过程中设备孤立的状态。这种协同工作使得生产流程更加顺畅，减少了等待时间和资源浪费。借助工业互联网，企业能够实现更高水平的自动化生产。这不仅提高了生产效率，还降低了对人工的依赖，减少了人为错误的可能性。工业互联网允许企业实时监控生产过程，并根据实际情况进行实时调整和优化。这种灵活性使得企业能够迅速响应市场变化，满足客户需求。

3. 高度可靠性

工业互联网采用先进的安全技术，如加密传输、访问控制等，确保数据在传输和存储过程中的安全性。这有效防止了数据泄露和被篡改的风险。具备高可用性和容错性，能够确保在系统出现故障时，仍能保持稳定的运行。这为企业提供了持续可靠的服务支持，保障了工业生产的连续性。

4. 高度灵活性

工业互联网能够根据企业的具体需求进行定制化开发。这意味着企业可以根据自身的业务特点和流程，量身定制适合自己的工业互联网解决方案。随着企业业务的发展和市场的变化，工业互联网能够轻松地进行扩展和升级。这种灵活性使得企业能够随时调整自己的信息化战略，以适应不断变化的市场环境。

> 📧 **读一读**
>
> 2019 年的"6·18"购物节，辣味巧克力被众多网友评为最奇葩巧克力，芥末味巧克力紧随其后。而这款辣味巧克力正是互联网企业通过电商平台挖掘数据价值，利用算法投放测试，了解消费者的潜在喜好后研发而成。于是，一款辣味巧克力一经诞生，就成风靡之势。辣味巧克力的故事背后正是工业领域发生的一些变化。

三、工业互联网的应用领域

1. 智能制造

通过工业互联网技术，生产线上的设备可以实现互联互通，实现自动化控制和智能调度。这不仅提高了生产效率，还降低了人工成本。例如，在汽车制造业中，利用工业互联网可以实现生产线的智能化监控和优化，实时监控生产状态并提前预测设备故障，从而减少停机时间。工业互联网支持企业根据市场需求进行灵活生产，实现小批量、多品种的生产模式。消费者可以获得更加个性化和多样化的产品选择。借助工业互联网，企业可以建立全面的质量管理体系和追溯机制，从原材料采购到成品出厂的每一个环节都可进行监控，确保产品质量。

2. 能源管理

工业互联网技术能够对企业能源消耗进行实时监测和分析，帮助企业发现能源浪费的环节并采取节能措施。例如，智能电网利用工业互联网技术优化电力调配，提高电网稳定性和可靠性。通过在设备上安装传感器，工业互联网可以实时监测设备运行状态和能耗情况，预测设备的维护周期，避免因设备故障导致的能源浪费。

3. 物流运输

工业互联网可以实现物流全过程的可视化和智能化管理，从货物的仓储、运输到配送都能进行实时跟踪和精准调度，这大大提高了物流效率并降低了物流成本。利用大数据和智能分析，工业互联网能够预测交通拥堵情况并调整物流运输路线，减少运输时间和成本。工业互联网还允许对车辆和设备进行远程监控和维护，确保物流运输的安全性和可靠性。

4. 供应链管理

通过工业互联网技术，企业可以实时监控供应链中的物流、库存和生产流程，提高供应链的透明度和效率。工业互联网有助于企业及时发现和解决供应链中的问题，降低供应链风险。促进了产业链上下游企业之间的紧密协同合作，推动了整个产业链的升级和发展。

5. 环境监测与保护

工业互联网技术可用于对环境质量进行实时监测和分析，帮助企业及时采取措施减少环境污染。通过对污染源的追踪和分析，工业互联网协助企业制定有效的污染治理方案。

活动二　体验工业互联网的相关技术

一、物体感知技术

物体感知技术是工业互联网的基础。通过物体感知技术，人们可以采集智能物体的身份标识、位置、状态、场景等工业数据。近年来，随着物联网技术的应用与发展，物体感知技术取得了长足的进步。工业互联网中智能物体的标识、状态、场景、位置等四类工业数据，对应的感知技术包括物体标识技术、状态获取技术、场景记录技术和位置定位技术。

1. 物体标识技术

物体标识就是赋予每一个物体一个唯一的编号，并通过一种便捷的方法来识别该编号。在工业互联网中，所有智能物体都会有一个唯一标识。通过这个标识，可以获得其制造、销售、使用等所有信息。常用的物体标识技术包括条形码、二维码、RFID 等技术。

条形码是人类历史上第一个大规模使用的物体标识技术，它的识别速度快，可靠性高，普及率高。在超市购物时，收银员扫描的商品条码就是一种条形码，如图 4-2 所示。但条形码包含的数据信息少，只能表示商品种类，不能作为单个商品的标识，也不能作为智能物体的身份标识。

图 4-2　牛奶的条形码

 做一做

　　试着用手机自带的浏览器扫描本书封底的条形码，扫描出的结果是什么？

　　二维码是一种使用黑白矩形图案表示数据的物体标识技术。二维码包含的信息量大，能够为全世界所有智能物体提供单一标识。智能手机的广泛应用极大地促进了二维码的普及，通过手机的二维码扫描功能，可以快速获取二维码中存储的信息。如图 4-3 所示为超市售卖的大米的溯源二维码。

图 4-3　大米的溯源二维码

做一做

用手机微信扫描右边的二维码,你获取到了什么信息?

射频识别技术 RFID 是一种通过无线电信号识别特定目标并读写相关数据的通信技术,包括 RFID 标签、阅读器和数据管理三个部分。将标签附着在要识别的物体上,当物体靠近射频识别阅读器时,阅读器发出一个加密无线信号来询问标签,标签收到询问信号后用它本身的信息来回应阅读器。阅读器通过网络与数据管理系统连接,完成对电子标签信息的获取、解码、识别和数据管理。校园一卡通、小区门禁卡等应用的都是 RFID 技术,如图 4-4 所示。

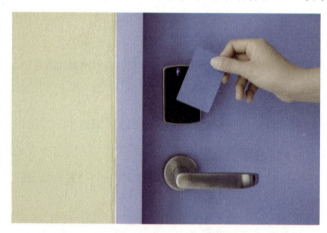

图 4-4　使用门禁卡打开房门

 做一做

很多商店派发的会员卡采用的都是 RFID 技术。找一找身边的商店会员卡,用工具将它拆卸开,看看它内部的结构。

2.状态获取技术

状态获取技术是指通过传感器获取物体状态的技术。工业互联网通过使用大量的传感器,把物体的速度、加速度、压力、温度、湿度、流量等状态物理量转换成易于测量、传输、处理的电信号,并传输至工业互联网平台中,从而获得大量的智能物体状态数据,让人能够更加清楚地了解智能物体的状态。如图 4-5 所示为可实时获取周围环境状态的农业小型气象站。

图 4-5　农业小型气象站

3. 场景记录技术

场景记录技术是指将智能物体的场景光学影像转换成工业互联网平台需要的电子数据的技术。常见的场景记录技术有数码相机和网络摄像机。

数码相机是利用图像传感器将光学影像转换成电子数据的照相机。智能物体的光线透过镜头进入相机，通过内部成像元件转化为电子信号并储存在 SD 卡等存储设备中。带有数码相机功能的智能手机大规模普及后，拍照和视频成为人们最常用的记录场景的方法，为工业互联网平台提供大量的智能物体数据。网络摄像机由网络模块和光学成像模块组合而成，光学成像模块把光学图像转变为电信号，通过网络模块接入互联网中，直接传输到工业互联网平台。城市里的交通监控摄像头是一种网络摄像头，如图 4-6 所示。

图 4-6　交通监控摄像头

读一读

　　我国的海燕系统是一种对交通违法行为进行抓拍,然后进行二次分析的交通管理系统。一般的电子设备及监控系统只能提供记录与拍摄功能,海燕系统则可以对车辆信息进行分析,快速识别汽车型号、车牌号、车身颜色、年检标志等,甚至车内乘客的面部细节都能抓拍清楚。该系统还对乘客的动作进行分析,一些乘客开车吃饭、打电话、不系安全带等不文明行为都能被拍下来。海燕系统会放大乘客的手和面部动作,筛选出一些疑似违章的图片进行审核,让车主的违法行为无处藏身。

4.位置定位技术

　　位置定位技术是指获取和记载物体位置的技术。物体在室外空旷环境下的位置获取通常采用卫星定位,常用的卫星定位系统有美国的 GPS 系统和我国的北斗导航系统。但在隧道、地下停车场等复杂环境下,由于建筑等障碍物的影响,常常无法获取充分的卫星信号。因此需要其他定位技术作辅助定位,常用的其他定位方法包括:Wi-Fi 定位、蓝牙定位、RFID 射频识别定位、超宽带定位、红外线定位、超声波定位、基站定位、ZigBee 定位技术等。北斗卫星导航系统通过对位置变化的监测实现山体滑坡预警,如图 4-7 所示。

图 4-7　北斗卫星导航系统

　　2020年7月6日下午，湖南省石门县潘坪村所处的雷家山地质灾害隐患区突发山体滑坡，滑坡体超过300万立方米。由于灾害发生前，当地有关部门已接到北斗卫星监测系统发布的预警并组织村民疏散，最终没有造成人员伤亡。

　　石门县潘坪村所处的雷家山是湖南省省级地质灾害隐患区。2019年12月，常德市自然资源局出资在潘坪村附近安装了北斗卫星监测系统。一旦山体发生移动，监测仪器就将产生的数据传送至数据公司。随后，数据报告在第一时间被送至常德市自然资源局。此次山体滑坡共冲毁5栋民房，1座小型水电站，同时还造成省道、村组道路、桥梁水利设备及村内高压线路损坏，损失共计超过1000万元，属于特大型灾害。灾害发生前，北斗卫星监测系统进行了3次灾害预警。

二、数据传输技术

　　数据传输技术包括在互联网中将数据快速传递的技术和将智能物体接入互联网的技术。近年来，无线通信技术和光纤通信技术的快速发展极大提高了电子数据的传输速度，使互联网可以将大量的工业数据快速地传输到工业互联网平台。常见的数据传输技术有有线传输技术和无线通信技术。

　　智能物体接入互联网后，都采用有线的方式来传输数据。有线传输一般通过双绞线或光纤传输数据，干扰小，速度快，能够适应各种环境。双绞线是由一对带有绝缘层的铜线以螺旋的方式缠绕在一起形成的连接线，日常生活中经常使用的网线就是双绞线，如图4-8所示。双绞线价格低廉，但在传输距离和传输速度方面落后于其他介质，常用于连接计算机等智能设备和互联网。光纤通信技术以光信号作为载体进行电信号传输，传输距离远、传输速度快、传输数据量大、信号丢失少，已经成为互联网中主要的数据传输技术。

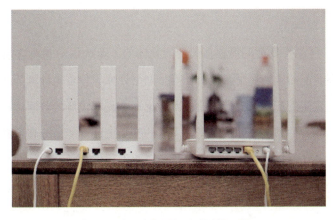

图 4-8　家用路由器使用网线连接互联网

无线通信技术采用电磁波为信号的传输介质，成本低、适应性强、连接便捷。常见的无线传输技术有无线局域网技术和蜂窝移动通信技术。无线局域网将无线通信技术与网络技术相结合，从而实现智能网络设备之间的通信，无线通信技术可以使智能设备随时随地接入互联网络。蜂窝移动通信技术把整个网络覆盖区域划分为若干个六边形的小区，形成了酷似蜂窝的结构，在每个小区设置一个通信基站，负责管理本小区范围内的智能物体。手机网络通信使用的就是蜂窝移动通信技术，目前已发展至第 5 代移动通信技术，即 5G 技术。未来，5G 移动技术的全面应用将实现智能物体与互联网的全面连接，大幅提高的传输速度可以使大量的工业数据被迅速地传输到工业互联网平台，如图 4-9 所示为建设中的 5G 基站。

图 4-9　建设中的 5G 基站

 做一做

　　找一找身边的通信基站，看看你能找到多少？

三、工业互联网平台技术

工业互联网平台主要负责汇集和存储智能物体的工业数据，并对这些海量数据进行分析，从而获得机器智能的云计算平台。云计算是网格计算、分布式计算等众多传统计算机技术和网络技术融合发展的产物。云计算通过网络把多个成本较低的普通计算机服务器整合为一个具有强大计算能力的系统，并按照用户需求的变化按计算能力分布到终端用户手中。工业互联网平台通过云计算技术将工业数据提供给分析类软件公司，让他们在平台上开发各行业专用的大数据分析工具，并将数据分析的结果提供给工业企业，为他们提供数据分析服务。

做一做

用计算机或手机搜索"航天云网"，访问我国第一个工业互联网平台网站。

四、数据分析技术

使用云计算技术建立的工业互联网平台为大数据分析提供了强大的计算能力，能通过分析海量的工业数据获得机器智能并反馈到工业系统，是工业互联网的核心。

工业数据来源于工业系统中人和物的活动，包括从人的行动、交往到产品的设计、制造、销售、使用和回收等工业活动数据和各类智能物体的标识、状态、位置、场景等数据。工业数据纷繁复杂，数量庞大，需要对其进行组织、存储和管理。

工业大数据分析的目的是获得机器智能。机器智能的核心是预测，在工业上，机器智能可以用来预测生产设备的工作情况，在故障出现之前发出预警，避免故障的产生，还可以对复杂数据进行分析，优化生产过程，提高工业生产力。机器智能还可以将大数据分析获得的结果反馈到产品的设计中，从而改进下一代产品的设计。

工业互联网时代将实现人与智能物体的全面互联，通过对采集的工业数据进行分析，获取新的知识，获得机器智能，将极大地提高人类的生产效率。工业互联网时代将是继工业革命之后又一个人类生产力飞速发展的时代，将是物质产品极大丰富的时代，也将是人类文明取得重大进步的时代。

『学习总结』

1. 智能物体能够与其他物体进行通信，能够连接到互联网，具有全球唯一的身份标识，能够自动获取自身、其他物体或环境的状态数据并传输到工业互联网平台。

2. 工业互联网是一个用互联网将全球工业系统中的智能物体连接起来，并通过工业互联网平台与人相连接的系统。工业互联网利用物体感知技术获取智能物体的工业数据，并在工业互联网平台进行大数据分析，获得机器智能，改善智能物体的设计、制造与使用，提高工业生产力。

3. 工业互联网的相关技术有物体感知技术、数据传输技术、工业互联网平台技术、数据分析技术等。

4. 常用的物体感知技术有物体标识技术、状态获取技术、场景记录技术、位置定位技术等。

『学习延伸』

中国首个工业互联网平台——航天云网

在"互联网+"行动计划、《中国制造2025》等国家重大战略发布的大背景下，中国航天科工集团有限公司于2015年6月15日正式对外推出中国首个、世界第三个工业互联网平台——航天云网，如图4-10、图4-11所示。作为我国工业互联网的首倡者与先行者，航天云网坚持以"互联网+智能制造"为发展方向，致力于将云计算、大数据、移动互联网、物联网等为代表的新一代信息技术与制造业有机结合，发挥航天科工在装备制造业与信息技术产业领域的尖端技术优势，依托航天科工雄厚的科技创新和制造资源，建立"信息互通、资源共享、能力协同、开放合作、互利共赢"的工业互联网生态系统，推动"中国制造2025"与"互联网+"深度融合发展，实现"企业有组织、资源无边界"的生产资源配置，助力传统制造业转型升级。在第四次工业革命蓬勃开展的时代，与发达国家一道，共同参与全球重构工业产业价值链格局的激烈竞争。

图4-10　航天云网·机器人设备运行监控中心

图4-11　航天云网·家具企业生产线仿真模型

任务二　工业互联网在智能制造中的应用

『学习情境』

　　纯手工作业是国内家用电器生产企业曾经的状态，工人们做着自己的工作，管理者统计完成的数量并记录数据，计划员则定期根据情况编制新的生产计划。人与设备没有交互，数据之间没有连接，产品更新速度慢，生产效率低。而现在，智能工厂通过工业互联网，以数据为核心，驱动人与设备，通过建立高效协同的计划体系，实现了智能制造，提升了生产效率，缩短了制造周期，降低了产品不良率。以前，工人们坐在生产线前静默地操作，如今，机器构筑了全新的生产线，它们不会说话，却以不停歇的动作讲述着从千人工厂到无人工厂的"车间革命史"。

『学习目标』

　　1. 了解智能制造技术的内涵及特征；

　　2. 了解智能制造的关键技术及其在智能制造中的作用；

　　3. 了解智能制造的主要模式。

『学习探究』

活动一　认识智能制造技术

　　随着科技的飞速发展，智能制造技术已成为当今工业领域最热门的话题之一。那么，究竟什么是智能制造技术？它又有哪些优点和缺点？在实际应用中，智能制造技术又是如何发挥作用的呢？

一、智能制造技术的定义

　　智能制造技术是一种集计算机模拟、分析、控制与制造技术于一体的先进生产技术。它通过对制造业智能信息的收集、存储、完善、共享、继承和发展，实现制造过程的自动化、智能化和高效化。简单来说，智能制造技术就是利用计算机和智能设备来代替或辅助人类完成制造任务，从而提高生产效率和质量。

二、智能制造技术的优点和缺点

（一）优点

1. 提高生产效率

智能制造通过自动化、数字化技术，大幅减少了生产中的人工环节，实现了生产流程的连续性和高效性。例如，在自动化生产线上，机器人可以连续 24 小时不间断工作，且工作速度远超人工，显著提高了生产效率。通过精确的数据分析和优化，减少了生产过程中的原材料浪费、能源消耗和不良品率。此外，智能设备可以替代部分高成本的人工劳动，进一步降低了生产成本。

2. 提升产品质量

智能制造利用先进的控制系统和传感器，对生产过程进行实时监控和调整，确保产品质量的稳定性和一致性。可以大大降低产品的不良率，提升客户满意度。

3. 增强市场响应能力

智能制造技术使企业能够快速调整生产计划和工艺参数，以适应市场需求的变化。这种灵活性使企业能够更好地把握市场机遇，提升市场竞争力。例如，在个性化定制需求日益增长的今天，智能制造技术能够帮助企业实现快速定制生产，满足消费者的个性化需求。

（二）缺点

1. 高技术门槛和投资成本

智能制造技术涉及多个领域的前沿知识，如人工智能、大数据分析、物联网等，要求企业具备较高的技术水平和人才储备。同时，智能制造的实施需要大量的设备和系统投入，初期投资成本较高。

2. 数据安全风险

智能制造技术高度依赖数据，包括生产数据、客户数据、供应链数据等。这些数据一旦遭受泄露或被恶意篡改，可能对企业造成重大损失。因此，企业在采用智能制造技术时，必须高度重视数据安全问题，建立完善的数据保护机制。

3. 技术更新和升级压力

智能制造技术发展迅速，新的技术和设备不断涌现。为了保持技术领先地位和市场竞争力，企业需要不断投入资金进行技术更新和升级。这可能会给企业带来一定的经济压力和技术挑战。

4. 系统集成和兼容性问题

智能制造涉及多个系统和设备的集成，如 ERP 系统、MES 系统、SCADA 系统等。这些系统之间的集成和兼容性可能会成为实施智能制造的难点之一。如果系统集成不当或存在兼容性问题，可能会导致生产流程中断或数据不一致等问题。

三、智能制造技术的实际应用

1. 汽车制造业

通过引入智能机器人和自动化设备，汽车生产线实现了高度自动化。例如，某些先进的汽车生产线可以在几分钟内完成一辆汽车的组装，大大提高了生产效率。物联网技术使得生产线上的每一个设备和组件都能够被实时监控。这种监控不仅可以及时发现生产中的问题，还可以预测设备故障，从而提前进行维护，减少停机时间。智能制造技术还使得汽车定制化成为可能。消费者可以根据自己的喜好选择汽车的颜色、配置和内饰等，而生产线能够快速调整以满足这些个性化的需求。

> 📧 **读一读**
>
> 智能制造技术在汽车生产过程中发挥着至关重要的作用，它通过集成信息技术、自动化技术和制造技术，提高了生产效率，降低了成本，并提升了产品质量。通过引入智能机器人和自动化输送线，汽车生产线实现了高度自动化。例如，在某汽车工厂中，压铸车间能够一次性压铸成型72个零部件，整个过程仅需约100秒，大幅提高了生产效率，如图4-12所示。通过柔性制造系统（FMS），生产线可以快速调整以适应不同车型的生产，实现了多品种、小批量的柔性化生产。
>
>
>
> 图 4-12　某汽车生产线

2. 电子产品制造业

电子产品对生产精度的要求极高。智能制造技术通过引入高精度的机器人和视觉检测系统，确保了每一个生产环节的精度和质量。通过大数据和人工智能技术，电子产品制造业的供应链得到了优化。企业可以实时掌握原材料库存、生产进度和市场需求等信息，从而做出更合理的生产和配送决策。智能制造技术还帮助电子产品制造业建立了完善的产品追溯系统。一旦产品出现质量问题，企业可以迅速定位问题来源，及时采取措施。

📖 读一读

随着科技的飞速发展，智能制造正引领着电子产品生产领域的一场深刻变革。在中国国际供应链促进博览会上，某股份有限公司所展示的智能制造技术成果，为我们揭示了定制化电子产品生产的未来趋势。

智能制造，作为工业 4.0 时代的核心，融合了人工智能、物联网、大数据等先进技术，使得生产线具备了前所未有的灵活性和智能化水平。在某展区，一条引人注目的小型智能柔性生产线，便充分展现了智能制造在电子产品定制化生产中的巨大潜力，如图 4-13 所示。这条智能柔性生产线能够根据消费者的个性化需求，快速调整生产流程，实现多种产品的共线生产。观众在现场仅需通过智能终端选择产品颜色、定制签名，生产线便能迅速响应，通过镭雕、AI 识别检查等高精度工艺，完成定制产品的生产。这种高度灵活的生产模式，不仅满足了市场对于个性化产品的旺盛需求，更极大提升了生产效率和资源利用率。

图 4-13　某智能产品生产线

3. 家电制造业

家电制造业通过建设智能工厂，实现了生产过程的可视化和可控制。工厂管理者可以通过中央控制系统实时掌握生产线的运行状况，对生产进行精细化管理。与汽车制造业类似，家电制造业也利用智能制造技术提供了个性化定制服务。消费者可以根据自己的需求定制家电的外观、功能和性能等。智能制造技术还帮助家电制造业实现了能效管理和优化。通过实时监测生产设备的能耗数据，企业可以发现能耗高的环节并采取节能措施，降低生产成本。

 读一读

　　智能制造在家电制造过程中的应用可谓无处不在，它贯穿于产品设计、生产、检测及配送的每一个环节。以往，家电生产线往往是单一、刚性的，一条生产线只能生产有限种类的产品。然而，在智能制造的赋能下，生产线变得柔性而高效，能够轻松应对各种复杂多变的生产需求。以全球冰箱行业最大的某制冷产业智能制造个性化定制柔性生产线为例，当用户提交个性化订单后，整条生产线便立刻启动，400 多家产业链上下游企业的相关配件迅速向这条生产线集中，如图 4-14 所示。这种按单生产、智能制造的模式彻底改变了传统家电制造业的生产逻辑，工厂可以直接接收用户订单并进行生产，省去了大量中间环节，效率提升了 30% 之多。

图 4-14　某冰箱智能生产线

活动二　智能制造的关键技术

　　智能制造，作为工业发展的高级阶段，正通过深度融合新一代信息通信技术与先进制造技术，重塑着传统制造业的面貌。在这场技术革命中，智能感知与互联技术、智能需求获取与建模技术、一体化协同制造技术，以及制造服务决策优化技术，共同构成了智能制造的四大关键技术支柱。

一、智能感知与互联技术

智能感知与互联技术是智能制造的"神经系统"。它依赖于各种传感器、物联网（IoT）技术，以及高效的数据传输和处理系统，实现对生产环境、设备状态、产品质量等关键信息的实时感知和精准控制。这些技术不仅提升了生产过程的透明度和可追溯性，还为后续的决策优化提供了丰富的数据基础。例如，在智能工厂中，通过部署大量的传感器和物联网设备，可以实时监控生产线的运行状态、设备的健康情况，以及产品的加工进度。这些数据通过高速网络传输到中央控制系统，经过分析和处理后，能够及时发现潜在问题，优化生产流程，从而提高生产效率和产品质量。

二、智能需求获取与建模技术

智能需求获取与建模技术是智能制造的"大脑"。它涉及从市场需求、用户反馈、产品设计等多个维度捕获和解析信息，进而构建出精准的产品模型和生产需求模型。这些模型不仅反映了市场和用户的真实需求，还为产品的创新设计和个性化定制提供了有力支持。借助大数据分析和人工智能技术，企业可以更加深入地了解市场动态和消费者偏好，从而开发出更加符合市场需求的新产品。同时，通过数字化的建模技术，企业还可以实现产品的虚拟仿真和性能预测，大大缩短产品的研发周期和降低开发成本。

三、一体化协同制造技术

一体化协同制造技术是智能制造的"骨骼和肌肉"。它强调在智能制造系统中实现设计、生产、管理、服务等各个环节的无缝衔接和高效协同。通过打破传统的信息孤岛和流程壁垒，一体化协同制造技术能够显著提升制造系统的整体效能和响应速度。通常涉及高级计划与排程系统（APS）、制造执行系统（MES）、企业资源规划（ERP）等多个系统的集成与优化。这些系统共同构成了一个智能化的生产网络，能够实时响应市场需求变化，调整生产计划，确保产品的高质量、高效率交付。

四、制造服务决策优化技术

制造服务决策优化技术是智能制造的"智慧之源"。它利用大数据、云计算、人工智能等先进技术，对制造过程中产生的海量数据进行深度挖掘和分析，为企业的战略决策、生产调度、质量控制等提供科学依据和优化建议。通过这些技术，企业可以更加精准地预测市场趋势，优化库存管理，降低运营成本；同时，还可以实现生产过程的自动化控制和智能化调整，提高产品的一致性和可靠性。此外，借助先进的机器学习算法和仿真模型，企业还可以不断探索新的生产模式和服务模式，为自身的持续创新和转型升级提供强大动力。

活动三　常见的智能制造模式

1. 社会化企业

社会化企业是指企业借助社会化的媒体工具，使用户能够参与产品和服务活动中，通过用户的充分参与来提高产品创新能力，形成新的服务理念与模式。社会化企业可以利用大众力量进行产品创意设计、品牌推广等，产品研发围绕用户需求，极大地增强了用户体验，用户也通过价值共享获得回报，从而达到企业与用户的双赢。社会化企业背景下产生了众包生产、产品服务系统等智能制造模式，破除了传统企业和外部优质资源的边界，充分利用外部优质资源，在全社会范围内对产品研发、设计、制造、营销和服务等阶段进行大规模协同，整合产生效益，实现从"企业生产"到"社会生产"的转变。

> 📩 **读一读**
>
> 众包是指企业利用互联网将工作分配出去，发现创意或解决问题的一种新商业模式。我们外卖平台采用的都是众包模式，用户通过互联网众包平台下单，平台将订单分发给各类餐饮门店进行制作，然后将配送工作通过互联网分配给外卖小哥配送到用户家中完成订单，如图4-15所示。
>
>
>
> 图4-15　外卖

2. 云制造

云制造通过物联网、云计算、智能感知等网络化制造与服务技术将社会生产资源和企业生产能力接入互联网，进行集中管理和运营，实现各类分散制造资源的高效共享和协同，为用户提供按需使用的产品全生命周期制造服务。云制造以用户为中心，以知识为支撑，形成了一个以产品的研发、设计、生产、服务等全生命周期协同制造、管理与创新的新平台。

 读一读

　　我国的某知名家电集团早在 2012 年就开始了互联工厂的实践，打造的"智能交互制造平台"致力于实现用户、产品、机器、生产线之间的实时互联，使用户在家中通过网络定制自己的冰箱成为可能。用户提交订单后，订单信息实时传到互联工厂，通过虚拟设计、虚拟装配系统转化为产品方案，智能制造系统自动排产。目前工厂可支持 9 个平台 500 个型号的柔性大规模定制，人员配置减少 57%，单线产能提升了 80%，单位面积产出提升了 100%，订单交付周期降低了 47%，成为全球生产节拍最快的冰箱工厂，如图 4-16 所示。互联工厂将来还要做到人、机、物融合下的万物互联，通过大数据、云计算来实现智慧家庭和互联工厂的有机融合，实现用户全生命周期的最佳体验。

图 4-16　智能交互制作平台

3. 信息物理生产系统

　　信息物理生产系统通过智能感知、分析、优化和协同等手段，使现实的物体和虚拟的网络实现可靠、高效、实时协作。典型应用包括智能交通领域的自主导航汽车，生物医疗领域的远程精准手术系统、植入式生命设备，其他领域的智能电网、精细农业、智能建筑等，这些都是构建未来智慧城市的基础。信息物理生产系统将各种传感器嵌入制造物理环境中，通过状态感知、实时分析、人机交互、自主决策、精准执行和反馈，实现产品设计、生产和企业管理及服务的智能制造。

📨 **读一读**

重庆：自动驾驶接驳车助力智慧出行

　　在 2021 中国国际智能产业博览会期间，重庆悦来国际会展城的智慧交通系统也将常态化投入使用。该系统提供交通诱导、出行、公共交通、智能停车、交通设施运维等服务，能够有效缓解超大型展会期间交通拥堵等问题。通过停车资源云平台，对停车资源进行综合管理，实现停车资源的共通共享，进一步解决停车难的问题。整个展会期间，在悦来滨江路和重庆国博中心内环道将提供自动驾驶接驳体验服务，规划有专线接驳车，线路全长约 5 千米，设置停靠点 10 个，每天投放接驳车 20 台。参与接驳的自动驾驶车辆由国内顶尖自动驾驶厂商提供，车辆安全性能经多次测试，完全符合国家标准。每台车都配备了专业安全员及工程师，制定严格安全措施，可根据实时路况对车辆进行人工接管和紧急制动，提供贴心接驳服务，如图 4-17 所示。

图 4-17　自动驾驶接驳车

4. 制造物联

　　采用物联网对传统制造方式进行改造，加强产品和服务信息的管理，实时采集、动态感知生产现场（包括物料、机器、现场设备和产品）的相关数据，通过情景感知和信息融合，进行智能处理与优化控制，用以更好地协调生产的各环节，提高生产过程的可控性，减少人工干预。制造物联可以实现新产品的快速制造、市场需求的动态响应及生产供应链的实时优化，提高产品的定制能力和服务创新能力。

5. 主动制造

　　在生产制造领域，随着工业互联网的深入应用，分布在不同位置的各个生产车间的传感器、智能装备、工作站、生产控制系统将产生生产过程、运营监控、日志记录等大量工业数据。传统制造主要搜索过去的历史数据，而主动制造可利用实时数据和历史数据预测用户需求，主动配置和优化制造资源，是一种基于数据全面感知、收集、互联、分析、决策、调整、控制的一体化人机物协同制造模式。

展望未来，智能制造就是在不同阶段通过工业互联网做到资源整合和多方协作，同时将大数据、云计算、人工智能等新一代信息技术运用于传统制造业中。未来智能制造的特点就是集深度感知、大数据分析、云服务、智能优化、主动决策、精准控制执行于一体的先进制造模式。

『学习总结』

1. 智能制造技术主要有全面互联、数据驱动、信息融合、智能自主、开放共享 5 个特征。

2. 智能制造的关键技术有智能感知与互联技术、智能需求获取与建模技术、一体化协同制造技术、制造服务决策优化技术等。

3. 常见的智能制造有社会化企业、云制造、信息物理生产系统、制造物联、主动制造等模式。

『学习延伸』

工业互联网助力矿山实现智慧生产

在当今数字化浪潮中，工业互联网正以其强大的连接和智能化能力，推动传统行业转型升级。随县智慧矿山项目便是一个生动的例证，展示了工业互联网如何助力矿山实现智慧生产，促进地方经济的高质量发展。

随县，一个以石材产业闻名的地区，近年来积极响应国家关于智能化转型的号召，打造了国内规模最大的露天 5G 石材矿山改造项目。总投资高达 1.2 亿元人民币的随县智慧矿山项目，不仅规模宏大，更在技术应用上走在了行业前列。项目的核心技术在于 700 MHz、2.6 GHz、4.9 GHz 多频段协同工作的 5G 网络。通过部署多达 127 个 5G 基站，实现了对 6 个矿区的全面覆盖。这种高速、低时延的网络连接，为矿山生产提供了前所未有的数据传输和通信能力。与此同时，UPF 下沉技术的实施，进一步增强了网络的安全性和稳定性，确保了矿区各项业务的顺畅运行。随县智慧矿山项目还引入了先进的环境监测设备，能够实时跟踪检测矿区周围的环境变化，包括空气质量、噪声水平、振动强度等关键指标。不仅为矿山的绿色生产提供了有力保障，也有效提升了矿区的环保水平，实现了经济效益与环境保护的双赢。

在 5G 技术的加持下，随县智慧矿山项目的成效显著。六大矿区实现了安全高效复产，矿区管理变得更加精细、科学、智能。生产效率的大幅提升，不仅降低了成本，还提高了产品质量和市场竞争力。同时，作业安全性的增强，有效减少了事故发生的概率，保障了矿工的生命安全。随县智慧矿山项目的成功实施，不仅提升了矿山的智能化程度，更为地方经济的发展注入了强劲动力。它标志着随县在 5G 技术应用领域迈出了坚实的一步，也展现了工业互联网在推动传统行业转型升级中的巨大潜力。

任务三　体验智能制造：在线定制一辆个性化汽车

『学习情境』

在过去的多年时间里，汽车的生产制造一直以产品为中心，用户在同一款车型之下的选择空间很小，甚至只限于配置与颜色。当今的汽车市场和用户需求都在发生着改变，以往的销售甚至生产制造方法正在逐渐面临淘汰。为满足用户选择多样的方式，上汽大通提出大规模智能定制的思路。不久，一种能够为用户提供多种选配方式的全新"私人定制"平台"蜘蛛定制"选配平台上线，用户可以按照自身喜好任意选择，打破传统捆绑配置，无须再为不喜欢的配置买单。下面让我们一起体验汽车定制的魅力。

『学习目标』

1. 了解 C2B 生产模式及具体应用；
2. 熟悉"蜘蛛定制"选配平台的定制流程；
3. 能够使用"蜘蛛定制"选配平台体验定制个性化汽车。

『学习探究』

在这个越来越彰显个性的时代，很多用户已经不满足各种批量生产的车型。许多人开始认为，车辆的配置有些是用户需要用到的，而有些其实并非用户所需。那么为何用户的钱就一定要花在一些不实用的功能上呢？于是汽车定制化服务应运而生！

在"蜘蛛定制"选配平台中，用户可以根据自己的喜好和实际使用情况来选择包括外观饰件、内饰风格、座椅布局等在内的近百种配置，真正实现一站式的汽车"私人订制"。

配置完成后，还能通过上汽大通的日历订车系统指定一个理想的交车时间。整个"下单"过程通过计算机或手机即可在线完成。

 读一读

　　"蜘蛛定制"采用的是 C2B 个性化定制模式（Customer to Business），即"用户驱动企业生产"的一种"定制化"模式。通过互联网和云计算，实现企业与用户的数字化互联，为消费者打造定制化的产品和服务。消费者根据自身需求定制产品或主动参与产品设计的过程当中，生产企业根据需求来进行定制化的生产，C2B 模式的本质就是按需定制。

第一步　手机访问蜘蛛定制网站

　　登录手机微信，搜索公众号"上汽大通 MAXUS"并关注，在菜单栏"MAXUS"中找到"蜘蛛定制"，点击进入定制页面，可以对上汽大通旗下 7 大类 24 款产品进行个性化定制，如图 4-18、图 4-19 所示。

图 4-18　上汽大通 MAXUS 公众号

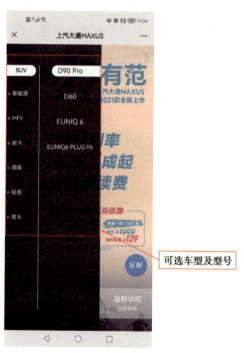

图 4-19　个性化定制入口

　　除微信公众号外，还可通过计算机访问上汽大通 MAXUS 官网，或下载手机 App "上汽大通 MAXUS"，均可以找到"蜘蛛定制"入口。选择车型类别后，再选择具体车型就可以进入定制页面。

第二步　选择车型版本和定制模式，进入定制页面

选定车型版本后进入相应定制页面，网站提供"全民推荐"和"个性定制"两种模式，前者根据用户大数据，提供一些被大多数用户推荐的方案，后者则完全由用户深度自由选配。用户可以根据个人的喜好，选择相应的定制模式，再点击定制按钮就可以正式开始定制。下面以"个性定制"模式为例进行介绍，如图 4-20、图 4-21 所示。

图 4-20　选择车型　　　　　　　　　　　图 4-21　选择定制模式

第三步　选择动力总成和驱动形式

先选择汽车的动力总成，即汽车发动机和变速箱，网站提供 3 种发动机和变速箱的组合方案供用户选择，如图 4-22 所示；再选择汽车的驱动形式，同样有 3 种驱动形式可以选择，如图 4-23 所示。

第四步　选择外观和内饰

在外观菜单栏中，用户可以选择外观套件、进气格栅、轮毂轮胎、备胎形式、天窗样式等多种外观样式。每种配置都有详细的说明，用户只需点击配置右边的"查看详情"，即可深入了解该项配置。以轮毂轮胎为例，"蜘蛛定制"提供了 6 种类型可选，点击"查看详情"之后，用户就可以知道每种轮胎配置的特点和属性，方便用户根据个人需求选择合适的轮胎，如图 4-24 所示。在内饰方面，"蜘蛛定制"提供了包括座椅布局、座椅面料等在内的配置选项，如图 4-25 所示。

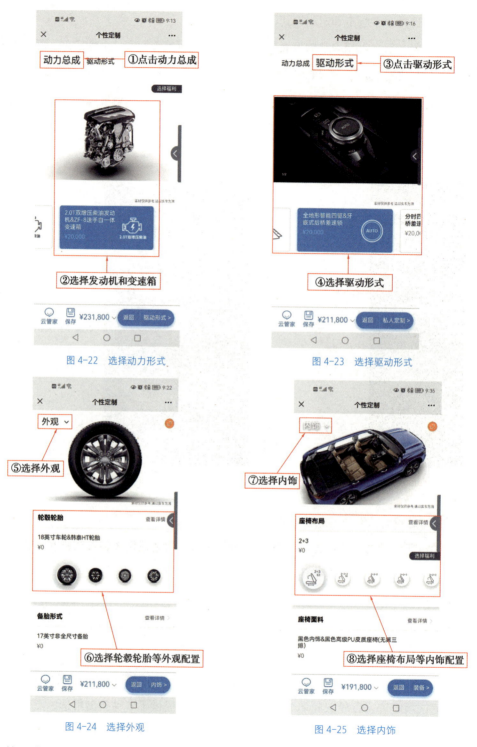

图 4-22　选择动力形式

图 4-23　选择驱动形式

图 4-24　选择外观

图 4-25　选择内饰

第五步　选择装备，获得配置表

装备方面，用户还可以自由选择尾门形式、座椅功能、方向盘、空气净化器、音响系统、驾驶辅助、越野底盘护板等多种科技和安全配置。选好所有的个性化配置之后，点击确定就会呈现一张十分详细的配置表，正式下单前，这个配置表还可以随时进行修改或者保存，如图 4-26、图 4-27 所示。

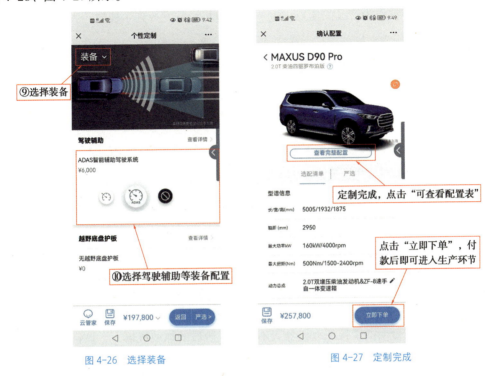

图 4-26　选择装备　　　　　　　　　　图 4-27　定制完成

第六步　完成定制，转入生产

点击"立即下单"，就会转入经销商页面，用户确认付款后，就可以坐等提车了。同时，用户还可以通过"日历订车"系统，随时随地在手机上查看车辆生产或运输状态，根据自己的需求指定理想的交车时间和提车地点，做到全程透明可控、可追溯。

『学习总结』

1.C2B（Customer to Business），即"用户驱动企业生产"的一种"定制化"模式。通过互联网和云计算，实现企业与用户的数字化互联，为消费者打造定制化的产品和服务。

2."蜘蛛定制"支持上汽大通旗下 7 大类 24 款产品进行动力、驱动、外观、内饰、装备进行个性化定制。

『学习延伸』

奥迪：颠覆传统的汽车工厂

奥迪一直将科技作为产品的卖点。这一次奥迪将科技发挥到了极致，为我们描绘出一座未来汽车工厂——奥迪智能工厂。在这座工厂中，我们熟悉的生产线消失不见了，零件运输由自动驾驶小车甚至是无人机完成，3D 打印技术也得到普及……这样一座颠覆传统的汽车工厂都有哪些黑科技呢？

零件物流是保障整个工厂高效生产的关键，在奥迪智能工厂中，零件物流运输全部由无人驾驶系统完成。转移物资的叉车采用自动驾驶，实现真正的自动化工厂。在物料运输方面不仅有无人驾驶小车参与，无人机也将发挥重要作用。

在奥迪智能工厂中，小型化、轻型化的机器人将取代人工来实现琐碎零件的安装固定。柔性装配车将取代人工进行螺丝拧紧。在装配小车中布置有若干机械臂，这些机械臂可以按照既定程序进行位置识别、螺丝拧紧。装配辅助系统可以提示工人何处需要进行装配，并可对最终装配结果进行检测。在一些线束装配任务中还需要人工的参与，装配辅助系统可以提示工人哪些位置需要人工装配，并在显示屏上显示最终装配是否合格，防止出现残次品。

奥迪智能工厂发明的柔性抓取机器人不同于现阶段的抓取机器人，该机器人的最大特点在于柔性触手，这种结构类似于变色龙的舌头，抓取零件更加灵活。除了抓取普通零件，柔性抓取机器人还可以抓取螺母、垫片之类的细微零件。

未来奥迪智能工厂将借助 VR 技术来实现虚拟装配，以发现研发阶段出现的问题。借助 VR 设备，设计人员可以对零件进行预装配，以观测未来实际装配效果。此外，数据眼镜可以对看到的零件进行分析，这套设备类似装配辅助系统，能帮助员工发现缺陷与问题。

在奥迪智能工厂，3D 打印技术将得到普及，到时候汽车上的大部分零件都可以通过 3D 打印技术得到。目前用粉末塑料制造物体的 3D 打印机已经被制造出来，下一阶段发展的是 3D 金属打印机。奥迪专门设计了金属打印试验室，对此技术进行研发。

项目五　区块链与智能政务

任务一　认识区块链技术

『学习情境』

2020 年 4 月，中国人民银行宣布首批数字人民币开始试点，深圳、苏州、北京、成都四地成为了首批数字人民币试点城市，抢先开展落地探索，如图 5-1 所示。相比于现金使用存在的印制发行成本高、携带不便等局限，数字人民币的出现通过电子账本的方式，替代了实体货币，节约了现金生产和流通时所需的各项成本。而且，通过数字加密和区块链等技术的应用，还可进一步实现交易匿名、信息不可篡改等功能，保证每一笔交易的公正性，能有效抵御金融欺诈和非法交易等行为发生。数字人民币正加速向我们走来，区块链开始成为人们争先谈论的时髦名词。那么，到底什么是区块链呢？

图 5-1　数字人民币

『学习目标』

1. 了解区块链的含义、发展历程、类型及特性；

2. 理解区块链的技术原理、区块链与互联网的关系；

3.发现区块链在生活中的应用场景。

『学习探究』

活动一　认识区块链

在数字化时代，一项革命性的技术正在悄然改变我们的生活和工作方式，那就是区块链技术。它以其独特的去中心化、安全性和透明性等特点，逐渐成为科技创新的热点。区块链技术是一种基于去中心化、分布式、不可篡改的数据存储和传输技术，它允许网络中的参与者在没有中心化信任机构的干涉下达成共识。简而言之，区块链就像一个公共的、安全的电子账本，所有人都可以查看但不能私自改动。

这个"账本"由一系列按照时间顺序排列的数据块组成，并采用密码学方式保证不可篡改和不可伪造。每个数据块包含了一定的信息，包括交易信息、时间戳、链上地址等等，并且每个数据块都被数字签名和加密算法保护，以确保其完整性和真实性。

区块链技术是利用数据块来验证与存储数据、通过分布式节点来生成和更新数据、利用密码学原理保证数据传输和安全、利用自动化智能合约来编程和操作数据的一种全新的分布式基础架构与计算范式。用区块链技术所链接的分布式账本能让交易双方有效记录交易过程和结果，并可永久查验此交易。

📨 读一读

2008年11月1日，一个自称中本聪（Satoshi Nakamoto）的人在网络上发布了《比特币：一种点对点的电子现金系统》，陈述了他对电子货币的新设想，比特币就此面世。2009年1月3日，比特币创世区块诞生。比特币是一种数字货币，由计算机生成的一串串复杂代码组成，新比特币通过预设的程序制造。和法定货币相比，比特币没有一个集中的发行方，而是由网络节点的计算生成，谁都有可能参与制造比特币，而且可以全世界流通，可以在任意一台接入互联网的计算机上买卖，不管身处何方，任何人都可以挖掘、购买、出售或收取比特币，并且在交易过程中外人无法辨认用户身份信息。

比特币的交易数据被打包到一个"数据块"或"区块"中后，交易就算初步确认了。当区块链接到前一个区块之后，交易会得到进一步的确认。在连续得到6个区块确认之后，这笔交易基本上就不可逆转地得到确认了。比特币对等网络将所有的交易历史都储存在"区块链"中。区块链在持续延长，而且新区块一旦加入到区块链中，就不会再被移走。区块链实际上是一群分散的用户节点，由所有参与者组成的分布式数据库，是对所有比特币交易历史的记录。

一、区块链技术的发展

1. 初期阶段（2009—2013 年）

2009 年，基于中本聪发布的比特币白皮书，比特币网络正式上线。这一事件不仅标志着比特币作为第一种成功的区块链应用的诞生，也开启了区块链技术的历史。在初期阶段，比特币主要在小范围内流通，主要由技术极客和加密货币爱好者使用。随着比特币的挖矿和交易活动的增加，区块链技术的基础架构、加密算法（如哈希算法、非对称加密算法）和共识机制（如工作量证明 PoW）等关键技术得到了初步的验证和奠定。

2. 探索阶段（2014—2016 年）

从 2014 年开始，比特币价格经历了数次大幅上涨，引发了主流媒体的广泛关注，推动了区块链技术的普及。2015 年，以太坊的出现为区块链技术带来了智能合约的概念，允许开发者在区块链上构建和部署去中心化应用（DApps），如去中心化交易所和借贷平台，这为后来的去中心化金融（DeFi）热潮奠定了基础。

3. 发展阶段（2017 年至今）

随着区块链技术的成熟，其应用领域开始从金融扩展到供应链管理、物联网、身份认证、版权保护等多个行业。例如，在供应链管理中，区块链技术可以提供透明度和可追溯性，提高供应链的效率和安全性。为了解决区块链上的隐私保护问题，零知识证明（ZK-SNARKs）等隐私保护技术被引入到区块链中，允许在不透露交易细节的情况下验证交易的合法性。为了实现不同区块链之间的互联互通，跨链技术得到了发展，促进了区块链应用之间的互通性和协作。越来越多的国家和政府机构开始认识到区块链技术的潜力，并投入资源进行研发和应用。一些国家甚至将区块链技术上升到国家战略层面，推动其在各个领域的应用和发展。

此外，在区块链技术的发展过程中，还伴随着标准化工作的推进、法律和监管制度的完善以及与其他先进技术（如人工智能、云计算等）的融合等趋势。这些发展共同推动了区块链技术向更加成熟、高效和多元化的方向演进。

📧 **读一读**

我国东西部资源分布差异较大，不同的省份新能源发展现状不同。在西北地区，新能源资源储备丰富，新能源发电投资建设规模较大，但由于新能源发电不稳定等技术特点，电力系统消纳和运行成本明显上升。绿色电力交易是指将有意愿承担更多社会责任的一部分用户区分出来，与风电、光伏发电项目直接交易，以市场化方式引导绿色电力消费，体现出绿色电力的环境价值，产生的绿电收益将用于支持绿色电力发展，更好地促进新型电力系统建设，如图 5-2 所示。北京 2022 年冬奥会和冬残奥会承诺实现 100% 绿色电力消纳，构建了基于区块链技术的"冬奥绿电溯源系统"，依托国网链北京从链及长安链，实现绿电生产、传输、交易结算、消纳等关键业务数据上链，利用智能合约搭建"100% 绿电验证模型"，证明冬奥场馆所用电均为绿电。

图 5-2　基于区块链的电力管理

二、区块链技术的优势

区块链技术作为一种革命性的技术，其优势体现在多个方面，从数据安全性到操作效率，再到透明度和自动化等，都为现代社会的各种应用提供了强大的支持。

1. 数据安全性与不可篡改性

区块链通过去中心化的分布式网络存储数据，每个节点都保存有完整的区块链副本，这使得数据具有极高的冗余性和容错性。即使部分节点遭受攻击或故障，整个网络的数据依然完整无损。区块链上的每个数据块都被数字签名和时间戳所保护，并通过复杂的加密算法（如 SHA-256）相互链接，形成一条不可篡改的数据链。这意味着一旦数据被写入区块链，就几乎无法被更改或删除，从而确保了数据的真实性和可信度。

2. 去中心化与信任建立

区块链技术去除了传统中心化机构或第三方的信任中介角色，通过共识机制（如工作量证明 PoW、权益证明 PoS 等）让网络中的节点达成共识，实现了去中心化的信任建立。这降低了单点故障的风险和中心化机构被攻击的可能性。去中心化的特性还使得区块链网络更加开放和包容，任何符合技术标准的节点都可以加入网络并参与数据的验证和存储，这有助于打破信息壁垒和促进数据的共享与流通。

3. 透明性与可追溯性

区块链上的所有交易和数据都是公开可见的（在公有链中），这提供了极高的透明度。任何人都可以查询和验证区块链上的数据，从而增强了参与者之间的信任。区块链技术还支持数据的可追溯性。通过链上的交易记录和时间戳，可以追踪数据的来源和流向，这对于供应链管理、食品安全等领域具有重要意义。例如，在供应链中，通过区块链技术可以追溯产品的原材料来源、生产过程和运输路径，确保产品的质量和安全。

4. 智能合约与自动化执行

智能合约是区块链技术的一大创新。它们是在区块链上自动执行的预定义规则和条件，一旦满足特定条件，合约就会自动触发并执行相应的操作。这大大降低了交易成本和时间，提高了交易的效率和可靠性。智能合约的自动化执行还减少了人为干预和欺诈的可能性。由于合约代码是公开透明的，并且执行过程由区块链网络共同验证和监督，因此可以确保合约的公正性和合法性。

5. 跨境支付与结算的简化

传统的跨境支付和结算过程通常涉及多个中介机构、烦琐的手续和高昂的成本。区块链技术通过提供一个去中心化的、安全可靠的支付和结算平台，可以大大简化这一过程。使用区块链进行跨境支付和结算，可以实现实时清算和快速到账，降低交易成本和时间延迟。同时，区块链的透明性和可追溯性还可以提高交易的合规性和反洗钱（AML）能力。

6. 灵活性与可编程性

区块链技术具有很高的灵活性和可编程性。开发者可以根据具体需求定制和开发区块链应用，实现各种复杂的功能和业务逻辑。这使得区块链技术能够广泛应用于金融、供应链、物联网等多个领域。

活动二　区块链的类型

区块链技术，作为当今科技领域的热门话题，已经引起了广泛的关注和探索。根据其网络去中心化程度的不同，区块链可被分为公有链、联盟链和私有链三种类型。这三种区块链各有特点，分别适用于不同的应用场景。

一、公有链（Public Block Chain）

公有链，顾名思义，是公开、透明且去中心化的网络。在公有链中，任何人都可以参与其中，查看和验证交易。它不受任何中心化机构或个人控制，所有的交易和数据都被记录在区块链上，并可以公开查看。比特币和以太坊就是公有链的典型代表。

公有链的特点包括：

去中心化　没有中心化的控制机构，所有节点具有平等的权利。

透明性　所有交易和数据都是公开可见的。

安全性　通过密码学和共识机制保证交易的安全，防止篡改。

然而，公有链也存在一些问题，如交易速度相对较慢，对硬件性能要求较高。

二、联盟链（Consortium Block Chain）

联盟链，也被称为行业区块链，是由多个组织共同参与维护的区块链网络。与公有链的完全开放不同，联盟链的参与者是预先确定的，并且具有特定的准入机制。这使得联盟链在保持一定程度的去中心化的同时，也能满足特定行业或组织的需求。

联盟链的特点包括：

部分去中心化　节点由多个组织共同控制。

权限控制　对参与者有严格的准入控制。

高性能　由于节点数量相对较少，交易确认速度较快。

可定制性强　可以根据联盟成员的需求进行定制。

联盟链在供应链管理、金融服务、医疗健康等领域有广泛的应用前景。

三、私有链（Private Block Chain）

私有链是仅限单个客户或实体使用的区块链。在私有链中，写入权限仅掌握在一个组织手里，而读取权限可以根据需求进行开放或限制。这使得私有链具有很高的安全性和隐私保护能力。

私有链的特点包括：

高度可控　所有交易和数据都由单个实体控制。

高安全性　通过权限控制和加密技术保护数据安全。

交易速度快　由于节点数量少且信任度高，交易处理速度非常快。

成本低　可以减少交易验证和处理的成本。

私有链主要被应用于企业内部管理，如数据库管理、审计等，以提高工作效率和确保数据安全。

公有链、联盟链和私有链是区块链技术的三大类型。它们各有优势和局限，分别适用于不同的应用场景。随着区块链技术的不断发展，我们可以期待这些类型将在更多领域发挥巨大潜力，推动社会的进步与发展。

📖 读一读

　　区块链可以让数据跑起来，大大精简办事流程。区块链可以让政府部门集中到一个链上，所有办事流程交付智能合约，办事人只要在一个部门通过身份认证以及电子签章，智能合约就可以自动处理并流转，顺序完成后续所有审批和签章，如图5-3所示。区块链发票是国内区块链技术最早落地的应用。税务部门推出区块链电子发票"税链"平台，税务部门、开票方、受票方通过独一无二的数字身份加入"税链"网络，真正实现"交易即开票""开票即报销"，大幅降低税收征管成本，有效解决数据篡改、一票多报、偷税漏税等问题。扶贫是区块链技术的另一个落地应用。利用区块链技术的公开透明、可溯源、不可篡改等特性，可实现扶贫资金的透明使用、精准投放和高效管理。

图 5-3　区块链在政务服务上的应用

活动三　区块链的特性

1. 不可篡改性

篡改是指用作伪的手段改动或曲解数据，区块链不可篡改的特征是基于"区块＋链"的独特账本而形成的，存有交易的区块按照时间顺序持续加到链的尾部。要修改一个区块中的数据，就需要重新生成它之后的所有区块，而修改大量区块的成本极高，几乎是不可能的，使得区块链上的数据极为可靠。区块链账本中的交易数据通常可以视为不能被"修改"，只能通过被认可的新交易来"修正"。其中，修正的过程也会留下痕迹。

2. 去中心自组织性

区块链的数据是分散存储在网络中许多节点上的，每个节点都可以记账，都拥有记账权，区块链不再依赖于中心化机构，实现了数据的分布式记录、存储和更新。在区块链技术支撑的交易模式下，买家和卖家可以直接交易，无须通过第三方平台，也无须担心自己的其他信息被泄露。去中心化的处理方式让交易变得更为简单和便捷，节约资源，并且排除了被中心化控制的风险。

3. 公开透明性

区块链是公开透明的，除了交易各方的私有信息被加密外，数据对全网节点都是透明的，任何参与节点都可以通过公开的接口查询区块链数据记录或者开发相关应用，这是区块链系统值得信任的基础。区块链数据记录和运行规则可以被全网节点审查、追溯，具有很高的透明度。

4. 可追溯性

区块链上的数据要经过多个验证节点的共同验证，经过某种共识算法对该项数据的真实性形成共识之后，才能写入区块链。链表作为基本的数据结构之一，它是不可以随意篡改的，可以追溯单个甚至多个节点。在区块链中，每一笔交易都通过密码学的方法与相邻两个区块相串联，所以可以追溯任何一笔交易。

5. 智能合约

智能合约是一套以数字形式定义的承诺，合约参与方可以在上面执行这些承诺的协议。智能合约就是传统合同的数字化版本，存在于区块链网络上，通过程序自动执行。由于区块链的去中心化、不可篡改、透明可追溯等特性，因此一旦触发协议条款，便不用担心其不会执行。智能合约实现了用户从信任第三方机构到信任合同本身，从信任参与方到信任代码的转变。

 读一读

　　针对慈善捐赠中"需求难发声、捐赠难到位、群众难相信"三大难题，国内多家企业联合起来发起了一款基于区块链技术的慈善捐赠管理溯源平台，利用联盟区块链网络，实现捐赠流程全部上链公开，防篡改、可追溯，接受公众的监督，致力于打通慈善捐赠的全流程，包括"寻求捐赠、捐赠对接、发出捐赠、物流跟踪、捐赠确认"的全部环节，确保捐赠在阳光下运行，如图5-4所示。

　　在该平台中每项已完成捐赠和待捐赠的项目中，平台均为其"配发"了相应的区块信息、区块高度、存证唯一标识及上链时间，并明确标识该项目"已在区块链存证"。每一笔捐助的流通数据都被存储并固化，方便监管机构进行追溯和监管。

图5-4　区块链在慈善中的应用

『 知识总结 』

　　1. 区块链是一个分布式的共享账本或数据库。

　　2. 区块链主要有公有链、联盟链、私有链三大类型。

　　3. 区块链有不可篡改性、去中心自组织性、公开透明性、可追溯性、智能合约性等特点。

『开拓眼界』

区块链非羁押数字管控云平台——"渝 e 管"的创新应用

随着数字化时代的来临，区块链技术以其独特的去中心化、数据不可篡改和智能合约等特性，正在逐步渗透到社会管理的各个层面。在司法领域，一项名为"渝 e 管"的区块链非羁押数字管控云平台，正成为科技赋能法治建设的新典范。

"渝 e 管"平台是重庆市渝中区检察院联合公安、法院以及重庆市先进区块链研究院共同研发的微信小程序。自 2022 年 7 月正式上线以来，该平台已实现对 2000 余名非羁押人员的线上精准监管，累计为司法机关提供预警信息超 80000 条，成效显著。这一平台通过整合区块链技术，实现了对非羁押人员的实时监控、社会危害性评价、法律文书云送达、非羁押人员画像以及诉讼全流程监督五大核心功能。非羁押人员仅需通过微信小程序进行日常打卡，其打卡情况、位置信息等数据便会实时上链，为执法办案人员提供准确的信息支持。

"渝 e 管"的创新之处在于它打破了传统的监管模式，以数字化手段提升了监管效率和透明度。例如，当非羁押人员未按时打卡或离开设定的管控区域时，平台会立即推送预警信息，确保办案机关能够第一时间作出响应。平台还支持法律文书的在线流转与签字确认，简化了案件管理流程。平台还具备远程告知、远程传唤、在线申报等功能，不仅保障了诉讼参与人的知情权和参与权，也大幅提高了司法效率，降低了司法成本。更重要的是，通过构建底层司法联盟链，"渝 e 管"实现了各部门间的信息互通与共享，打破了信息孤岛，促进了司法高效协同。除了在重庆本地取得显著成效，"渝 e 管"还在湖北、河北、宁夏、内蒙古等多个省市级单位落地应用，展现了其广泛的适用性和强大的生命力。

"渝 e 管"的成功实践不仅为区块链技术在司法领域的应用开辟了新的道路，也为其他社会管理领域提供了有益的借鉴。未来，随着技术的不断进步和应用场景的拓展，我们有理由相信，区块链将在推动社会治理体系和治理能力现代化方面发挥更加重要的作用。

任务二　区块链在智能政务中的应用领域

『学习情境』

"以前做生意跑断腿啊！"当见识到"泉城链"的作用时，强烈的对比让商人王某忍不住感叹。曾经在南方做皮革生意的他，为了向银行借贷需要向各个部门开具各种证明，为此没少跑腿。这两年他回到济南发展，却发现很多银行利用"泉城链"平台开发了线上金融信贷产品，网上就可以办理，再也不用来回跑了。

从"来回跑腿"到网上办理，奥秘在于济南市开发的"泉城链"平台，如图 5-5 所示。该平台打破数据壁垒，实现政府各部门数据互联互通，让越来越多的办事事项实现网上办、"零跑腿"，不断优化提升营商环境。对于济南市民而言，"泉城链"平台的打造只是"数字济南"建设的一个缩影。济南市以"数字济南"建设为主线，以构建坚实数字基础、高效数字政府、智能数字社会为重点，持续推动数据创新应用实现新突破，数据开放和泉城链、可信身份认证、不动产业务掌上办理、掌上亮证等场景应用继续走在前列。

图 5-5　泉城链平台

『学习目标』

　　1. 了解区块链在国家智能政务方面的主要应用领域；

　　2. 了解区块链在智能政务方面的应用趋势。

『学习探究』

活动一　区块链在国家智能政务方面的主要应用领域

一、区块链在智能政务应用中的发展

　　区块链技术自诞生开始，已经在社会各个领域广泛使用。近年来，区块链在智能政务上的应用表现得非常突出，比如医保卡办理、公积金贷款、学习证件的查询、冷冻食品的溯

源、高速应急服务、社会求助热线、毕业生求职登记、出入境证件申领等。区块链能满足人们处理日常生活事务的需要，它已经悄无声息地渗入人们的生活中，并将引领人们走进方便、快捷、幸福的生活。

区块链因其完整追溯、不可篡改、公开透明等特性，在智慧政务场景应用中，可以有效解决传统政务中信息传输滞后、各部门信息分散、层级管理消耗大量时间、工作效率低等弊端，助推政务公开透明，极大地提高政府服务质量，促进社会信用体系的构建。

> 四川省都江堰市通过搭建"智慧政务＋区块链"部门应用平台，集成开发应用证照发行与核验服务程序和证照微信核验小程序，归集了2018年以来公共场所卫生许可证、营业执照、取水许可证等历史证照信息3万余条。实现群众办事，平台系统直接读取核验申请人身份、关联证照信息、自动填写电子申请表格等，解决以往企业群众申请办理部分事项程序烦琐、资料繁杂等问题。
>
> "原本以为这么多店面变更，肯定几天都搞不下来，没想到现在区块链技术这么方便，远程认证加数字证书半个小时就把10多家店铺信息认证好了。"某药房连锁有限公司工作人员小燕说。

二、区块链在智能政务中的典型应用

1. 时间戳应用

传统的公证依赖政府，而有限的数据维度、未建立的历史数据信息链常常导致政府、学校无法获得完整有效的信息。利用区块链可以建立不可篡改的数字化证明。在数字版权、知识产权、证书以及公益领域都可以建立全新的认证机制，改善公共服务领域的管理水平。例如区块链技术可以用于房管部门的产权登记、文化部门的知识产权保护。

2. 不可篡改性的应用

区块链保障信息不可篡改的特性可以应用在教育、人力资源和社会保障、档案等部门，例如可以应用于教育部门的学历信息、学术成果存证，民政部门的公益慈善项目监督等。

3. 可追溯性应用

区块链具有可追溯性，借助分布式高容错性和非对称加密算法，数据去中心化传递和数据交易历史透明特性，区块链技术可以用于溯源与鉴真。例如可以应用于食品药品监管部门的产品防伪溯源、财税部门的电子票据打假验真等。

4. 分布式管理的应用

区块链分布式自治的特性有助于解决物理信息系统中的部分安全问题，可用于金融监管部门的风险防控，能够有效地实现在保护业务隐私的前提下对互联网金融业务进行事前监管。同时，区块链分布式自治的特性在能源及排放的计量认证、能量交易、能源融资等方面发挥巨大作用，可用于资源部门做分布式能源管理。

> 📧 **读一读**
>
> "不用跑远路、排长队、填单子，进门就能办理传统办税厅 90% 以上的业务，省时又省心。"近日，重庆某能源有限公司财务人员小吴在离公司不远的智慧办税服务厅，5 分钟就领到了发票。该智慧办税服务厅分为智能服务区、自助办税终端区、网上自助办税区三大区域，实现了发票领用、发票代开、完税凭证打印、电子税务局操作等 195 项核心涉税业务"一站式"办理。

活动二 典型的区块链 + 智能政务实际应用

1. 住房公积金应用

为进一步方便住房公积金缴存人办事，中华人民共和国住房和城乡建设部在前期试运行基础上，正式上线运行全国住房公积金小程序，如图 5-6 所示。小程序提供了全国统一的住房公积金服务入口，实现了全国各城市住房公积金管理中心线上服务渠道的互联互通。缴存人通过小程序可实现住房公积金账户、资金跨城市转移 "一键办"，不再需要前往柜台办理异地转移接续业务，大大缩短了办理时间。同时，在小程序中可实时查询个人住房公积金缴存、提取、贷款信息，掌握住房公积金变化情况。不管在哪个城市缴存，缴存人都可以通过小程序查询和办理住房公积金相关业务，初步实现全国住房公积金"无感漫游"。该小程序应用区块链、大数据等新技术，为小程序运行构建了可信的数据环境，确保缴存人的信息和资金安全，让老百姓享受到更稳定、更高质量的住房公积金服务。

2. 工程管理应用

大型工程项目通常存在建设周期长、投资大、技术要求高、施工环境复杂度高等特点，因此全过程工程质量管理难度大，通常涉及多个部门间的协同。基于区块链所具有的数据不可篡改和时间戳的存在性证明等特质，建设区块链工程质量管理多方协作平台，能很好地打

图 5-6　公积金小程序

通数据孤岛，统筹信息化程度不同的各部门之间的信息互通，解决工程质量管理中的过程监管、原材料监管、事后追责等问题。

📧 读一读

　　雄安新区作为北京非首都功能疏解集中承载地，从设立伊始就是要建设成为高水平社会主义现代化城市、京津冀世界级城市群的重要一极、现代化经济体系的新引擎、推动高质量发展的全国样板，因此"雄安质量"工作更是重中之重，如图 5-7 所示。雄安新区在建设过程中，推出了全国首个区块链监理管理系统，可以将工程监理数据汇集在区块链监理管理系统内，通过动态实时的大数据看板，帮助建设管理单位数字化、可视化、移动化地监督所有项目进场人员情况、人员履职情况、特种设备验收情况、安全质量管理工作动态详情等，还能在统计分析中，对当前发现的质量安全问题、位置、处理结果等进行数字化监控和预警。

图 5-7　雄安新区

3. 电子签章应用

区块链电子签章以构建数字经济的信任体系为目标，以建设统一的区块链电子签章平台为基础，为政府、企业、公众提供基于区块链技术的电子签章内外部可信流转、授权使用、实人核验等全流程解决方案。区块链电子签章平台基于区块链打造、制定电子证据标准、签章全程上链、打通司法闭环，构建起电子签章从申领到使用，从使用到审判的闭环。

📩 **读一读**

国家生猪大数据中心运用"区块链＋电子签章"技术，推出了"区块链生猪监管电子签章平台"，统一对生猪免疫、动物产地检疫、动物屠宰检疫＋品质检验、无害化处理及车辆洗消等生猪产业链的各个检疫环节进行全方位全流程签章监管，实现章章关联、证章关联、人章关联、时空章关联，并通过区块链技术进行"保源、溯源、验源"，实现签署身份认证、签署过程追溯、签署结果存证举证全过程的整体式信任链。

4. 电子证照应用

区块链电子证照围绕社会各行业和领域证照的可信使用，基于区块链打造满足"管证、用证、鉴证"三位一体的可信证照平台，实现电子证照信息化管理和共享，证照数据加密上链，可以进行证照数据一致性校验、统一存证规范、证照授权使用、亮证等行为记录可溯源等，实现各行业领域证照的可信使用。

 读一读

在北京市东城区政务服务大厅，用户通过授权使用电子证照便可办理生育登记、证件签发、在京入户等各类事项，不用携带身份证、户口簿、居住证等纸质证件。从办事人授权使用电子证照开始，之后的确认、签字、拍照等环节信息都会存储到区块链上，不可篡改、可以追溯，而且在"授权记录"中可以随时随地查询授权时间、事项和证照类型信息，并可在使用后随时解绑。

5. 区块链版权登记应用

传统版权登记机构进行版权登记时耗时长、成本高，基于区块链的版权登记几乎可以在瞬间完成，极大降低了所有权确权登记的成本和周期。

 读一读

安徽省文化产权交易所开发的"在线版权登记及存证系统"是长三角一体化版权服务平台，版权作品登记时附带区块链4合1维权存证证书，采用电签盖章代替原系统中图片形式的"安徽省版权局作品自愿登记专用章"以避免被仿照或篡改。该平台通过区块链存证确权、在原创性检测技术基础上构建版权交易后授权存证唯一的数据凭证，形成数字版权数据库，建立线上化的数字版权交易平台。

6. 司法存证应用

通过区块链将保险、银行、证券、电商等组织发生的互联网行为进行数据上链固证，构建基于区块链的涉诉单位、法院、鉴定机构等一体化纠纷办案平台，提升诉讼服务效率和司法公信力。

 读一读

山西省太原市中级人民法院现已全部实现诉讼材料、证据材料以及审判文书上链，该链涵盖诉状、答辩状、证据、传票、判决书、调解书、决定书、裁定书等材料，涉及网上立案、窗口立案、审判过程、结案等环节，支持民事、刑事、行政、赔偿、执行、再审审查、管辖、非诉保全、强制清算和破产等案件类型。

7. 医疗健康应用

基于区块链的医疗健康管理系统利用区块链的全流程可追溯、防篡改、隐私安全等特性，搭建可监管、可追溯、可信任的数据安全流转管道，保证电子病历、健康档案、公共卫生监测信息、电子处方等健康医疗数据可以安全可信地被多方共享和流转，实现跨机构、跨系统的数据协同和业务协同。

湖南省首个健康链平台首先在湘雅常德医院上线运行，健康链是基于区块链技术建立的新型区块链智能管理系统，患者可在线获取自己的医疗数据，检验检查报告等，同时可通过智能合约设置一定的权限，有效保护用户隐私。

8. 溯源监管应用

利用区块链溯源结合物联网等技术，追踪记录产品生命周期的各个环节，把产品的生产信息、品质信息、流通信息、检测检验等数据及参与方的信息，登记在区块链上，解决信息孤岛、信息流转不畅、信息缺乏透明度等问题，实现生产过程有记录、主体责任可追溯、产品流向可追踪、风险隐患可识别、危害程度可评估、监管信息可共享，增强政府部门存证、监管、执法、追责的透明度和便利性。

农副产品从农田到餐桌，食品安全保障的难点是全流程的追溯，猪肉产品是基础农副产品，但在肉制品的安全监管上，一直被私屠滥宰困扰，白板肉、病死猪肉流入市场现象仍有发生，监管部门"冒头就打"与被监管对象"打而不绝"的博弈长期存在。湖南省长沙市依据区块链记录不可篡改的特性，将肉品屠宰、批发、销售全链条线下的流水线业态在线上显示，从农产品的生产端到流通端，保证源头采集的数据不受人为因素的影响，提高农产品的安全性和食品的安全性。

活动三　区块链在智能政务方面的应用趋势

全球政务区块链应用呈现出四个重要趋势。

1.中国已经成为政务区块链应用最为领先的国家

从电子证照到司法执法，从财政税务到公共资源交易，从人力社保到社区与城市管理，在政务区块链领域，中国不只是在应用案例数量上领先，而且已经建立起最广泛、最系统、最具深度的应用场景，已经成为全球政务区块链应用最为领先的国家。

2.政务区块链是一个逐步进化的生态系统

无论是国内还是国外，从规划设计到落地实施，从概念验证到小范围试点，从区县级应用到省市级应用，基于区块链的智慧政务难以一蹴而就，而是经历了一个逐步升级和完善的过程，是一个持续进化的生态系统。

第一阶段，各类电子身份数据，包含电子签名、电子印章、电子证照、电子档案等数据上链，形成数字资产。

第二阶段，在数字资产基础上建立一体化政务服务平台，通过数字资产的存证、赋权、验证、流通、用证、监管和安全保障等环节，为企业、居民提供便利、高效的基础服务。

第三阶段，不断拓展区块链在财政与税务、人力与社保、司法与执法、国防与军事、公共安全、公共资源交易、不动产管理、社区与城市管理等更多场景的应用。通过与行业场景的融合，持续催生更多衍生服务。

3.政务区块链应用推动了政府部门间的空前协同

从居民身份验证，到社保卡、驾驶证、房产交易、医疗救助等日常事务办理，从企业注册登记到各类行政许可、政府招投标、财政与税务管理，无论是居民服务还是商业服务，基于区块链的智慧政务服务最终要实现的是数据在政府部门、居民、企业和其他机构之间的高效流转。任何一个政府部门都已经成为区块链中不可或缺的节点，政府各部门之间实现了跨层级、跨部门、跨区域的空前协同。基于区块链平台，政府部门间通过智能合约建立信任机制，实现政务服务的"平台互通、身份互信、数据共享、业务协同、一网通办，全程网办"。

4.政务区块链应用加速社会治理体系的智能化升级

居民不需要携带身份证，只需要"刷脸"就可以办理众多事项，政府招商项目可在网上集中开标和签约，法院在案件审判时通过人工智能做庭审记录，社区居民可以通过志愿者服务自动获得积分奖励，通过冷链食品追溯平台对进口冷冻食品进行追踪溯源，通过区块链系统助力企业融资与复工复产，促进居民消费……这些频频出现的场景正是区块链智慧政务应用的缩影。"让数据多跑路，让办事者少跑路"是区块链推动政务服务升级最直观的写照。

区块链智慧政务应用正推动社区、城市和整个社会形成一个新的数据感知系统。在这个系统中，实体证件被电子证件替代，信用记录被通证替代，人工审核被数据验证替代，城市管理平台被"城市大脑"替代。区块链智慧政务已经超越原有的互联网政务、大数据政务模式，将重塑政府与居民，政府与企业，政府部门之间的关系，推动社会治理体系从数字化到网络化，再到智能化的升级。

『 知识总结 』

1. 区块链在智能政务中的典型应用有时间戳应用、不可篡改性的应用、可追溯性应用、分布式管理的应用等。具体应用体现在住房公积金管理、工程管理、电子签章、电子证照、版权登记、司法存证、医疗健康等各个方面。

2. 中国已经成为智能政务区块链应用最为领先的国家，智能政务区块链是一个逐步进化的生态系统，它的应用推动了政府部门间的空前协同，加速了社会治理体系的智能化升级。

『 学习拓展 』

区块链技术助力绿色电力消费认证

当今社会，随着环境保护意识的日益增强，绿色电力的推广和利用成为全球关注的热点。然而，在绿色电力的交易和消费过程中，如何确保电力的"绿色"属性真实可信，成为一个亟待解决的问题。为此，国网数字科技控股有限公司创新性地推出了"基于区块链的绿色电力消费认证应用"，利用区块链技术为绿色电力交易提供了坚实的信任基石。

区块链，这一被誉为"信任的机器"的技术，通过其去中心化、分布式、不可篡改的特性，为数据的真实性和可信度提供了强有力的保障。在绿色电力消费认证应用中，区块链技术发挥了关键作用。该应用首先构建了一个基于区块链的可信高效的绿电交易市场。在这个市场中，每一个绿色电力的生产、交易和消费环节都被详细记录在区块链上，形成了一个不可篡改的数据链。这意味着，任何对绿色电力数据的修改都会立刻被网络中的其他节点所察觉，从而确保了数据的真实性。

此外，该应用还设计了绿色电力消费凭证的链上流通机制。当消费者购买绿色电力时，他们会获得一个独特的绿色电力消费凭证，这个凭证不仅记录了电力的来源和交易量，还包含了电力的"绿色"属性证明。这个凭证可以在区块链网络上自由流通，为电力消费者提供了便捷的证明方式。通过区块链技术，该应用实现了市场主体信息、交易信息的链上保存和绿电绿证流通踪迹的溯源。这意味着，无论是电力生产商、交易商还是消费者，都可以通过区块链查询到电力的完整交易历史和"绿色"属性证明，从而大大增强了市场的透明度和信任度。

该应用已经成功支撑了多个省份的绿色电力交易，交易量达到了惊人的数字。这不仅证明了区块链技术在绿色电力交易中的巨大潜力，也为我国乃至全球的绿色电力推广和利用提供了有力的技术支持。

任务三　区块链在智能政务中的应用实践

『学习情境』

随着互联网技术的广泛应用和大数据时代的到来，人们的日常生活发生翻天覆地的变化，打破了传统的生活流程，精简了许多办事步骤。区块链技术的应用，给人们的生活带来了质的飞跃。对买的小黄鱼肉干质量不放心，可以使用区块链进行溯源，从最初的产地，到半成品，再到成品的过程，整个过程都有记录并可供查询。需要办理医保、公积金、税务、文旅、交通、就业等日常事务，或查询相关信息，追溯某人近几天的行程等，使用手机在国务院客户端等小程序中即可完成。

『学习目标』

1. 了解国务院客户端小程序；
2. 会使用国务院客户端小程序办理日常事务。

『学习探究』

国务院客户端小程序是国务院发布政务信息和提供在线服务的新媒体平台，由国务院办公厅主办，中国政府网运行中心负责运行维护。

国务院 App 将第一时间权威发布国务院重大决策部署和重要政策文件、国务院领导同志重要会议、考察、出访活动等政务信息，并面向社会提供与政府业务相关的服务。

2021 年 8 月，为更好推动统筹疫情防控和经济社会发展，进一步满足企业、群众对疫情防控政策措施的需求，国务院办公厅日前在中国政府网及国务院客户端小程序推出"各地疫情防控政策措施"专栏，统一公开各地权威、准确的防疫政策措施。

做一做

打开手机微信，扫描下方的二维码（图 5-8），进入国务院客户端小程序。

图 5-8　国务院客户端小程序二维码

实践活动

使用国务院客户端小程序申领医保码

随着科技的发展，医保码已经成为我们就医购药的重要凭证。医保码不仅方便了我们的医疗服务，还提高了医保资金的使用效率。那么，你知道如何使用国务院客户端小程序申领医保码吗？

1. 使用国务院客户端程序申领医保码

第一步：打开微信小程序界面，在搜索框内输入"国务院客户端"，然后单击"国务院客户端"命令，如图 5-9 所示。

图 5-9　进入国务院客户端小程序

第二步：进入国务院客户端申请界面，此时需要获取你的位置信息，单击"允许"获取你的位置，如图 5-10 所示。

图 5-10　获取位置

第三步：选择"便民服务"→"医保码"，进入登录界面，如图 5-11 所示。

图 5-11　进入登录界面

第四步：填写自己的姓名、身份证号码及手机号，确保信息无误，点击"确定"。

第五步：进入并完成人脸识别后，点击"授权关联"，如图 5-12 所示。

图 5-12 授权关联

第六步：成功获取医保码及相关信息，如图 5-13 所示。

图 5-13 成功获取医保码

2. 使用国务院客户端小程序办理临时乘机证明

在国务院客户端程序中可以办理的日常事务很多，比如防控信息查询，公积金贷款，电子社保卡申领，录取通知书及学历查询，医保电子凭证办理，电子营业执照申请，消费产品的溯源等日常服务。

每年春节，辛苦工作、学习了一年的人们，纷纷踏上了回家的旅途。可是，到了机场快登机时才发现忘带身份证或身份证过期了，怎么办？此时可使用国务院客户端小程序上线的由中国民航局公安局提供的临时乘机证明办理服务来办理临时乘机证明。

第一步：打开国务院客户端小程序，找到主题服务交通板块，进入"民航临时乘机证明"服务，如图 5-14 所示。

图 5-14　进入"民航临时乘机证明"服务

第二步：填写身份信息，并进行"刷脸"验证，如图 5-15 所示。

第三步：面向手机屏幕，扫描脸部，人脸识别成功后，民航临时乘机证明办理成功，如图 5-16 所示。

第四步：返回办理界面，点击"临时乘机证明查看"，输入身份证号码即可查看，如图 5-17所示。

图 5-15　填写身份信息

图 5-16　临时乘机证明申请成功

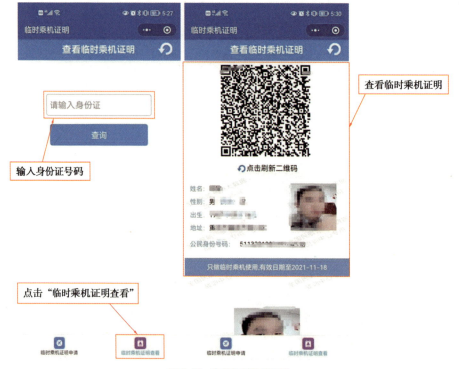

图 5-17　查看临时乘机证明

 做一做

1. 按照上面的步骤，申领自己的医保码。

2. 按照上面的步骤，办理临时乘机证明。

『学习延伸』

社保认证，使用手机在国务院客户端就可以办理。异地就医，使用手机在国务院客户端可以实现医保直接结算。但是对于父母长辈来说，可能就没那么简单了。打开国务院客户端小程序，这些事儿你就能替他们办！

1. 社保认证不出户，子女代办很方便

扫码如图 5-18 所示二维码领取"电子社保卡"，点击"社保待遇资格认证"，按操作提示即可完成认证。

图 5-18　电子社保卡领取二维码

温馨提示：界面可调整为【长辈版】，更大图标、更大字号，一目了然，如图 5-19 所示。

图 5-19　进入长辈版

操作不来的老人不要急，还有"亲情服务"功能解难题。

儿女可以用自己的电子社保卡，在"我的"找到"亲情服务"功能，绑定老人的电子社保卡，按操作提示，帮助父母完成认证，如图 5-20 所示。

注意：一个用户最多可以绑定 4 个父母、3 个子女、1 个配偶、2 个其他关系，解除亲情服务关系后，名额无法恢复。

告诉爸妈，以后养老金资格认证再也不用跑窗口了！

图 5-20　添加亲情账户

2. 异地就医不麻烦，子女代办很简单

参保地在北京、山西、内蒙古、辽宁、吉林、黑龙江、江苏、浙江、安徽、福建、江西、山东、河南、湖北、湖南、广东、广西、海南、四川、陕西、甘肃、青海、宁夏、新疆24个省（区、市）和新疆生产建设兵团308个统筹地区（截至2021年8月底）的朋友，可以扫码进入"跨省异地就医备案"，如图5-21所示，按照操作提示网上备案！备案信息提交后，可以在首页点击"实时查询备案进度"，如图5-22所示。一旦备案成功，就能直接进行医保报销啦！

图 5-21　异地就医备案二维码

图 5-22 查询备案进度

　　"为他人备案"则需通过"人脸识别"或"身份证认证"对备案人进行实人认证,认证成功,就能替父母长辈们提交备案了，如图 5-23 所示。

图 5-23 进入"为他人备案"界面

项目六　人工智能与智慧农业

任务一　认识人工智能

『学习情境』

厦门某公司推出了"无人超市"，如图 6-1 所示。顾客首次进入店内需要用微信扫描二维码，实名注册会员，然后扫描开门进行购物；选购好物品后放到自助收银台上，柜台自动结算，面部识别支付结账；最后顾客出门。出门通道由两道门组成，当顾客进入第一道门时，通道会自动检测顾客的商品是否全部结账，如果检测到客户有商品没有结算，将会有语音和图像提示顾客有未结账的商品，顾客可以返回到店内进行费用结算，若是商品全部结账或者没有购买商品，第二道门开启后顾客可以自行离店。购物的整个过程由视频监控，店主可以在任何地方实时查看店内的详细情况，大大减少了人工的投入，轻松兼顾多家店铺经营。

图 6-1　无人超市

『学习目标』

1. 了解人工智能的含义及发展；

2. 理解人工智能的主要技术类型及应用；

3. 能发现人脸识别等人工智能技术在身边的应用。

『学习探究』

活动一　认识人工智能技术

一、人工智能技术的定义

随着科技的飞速发展，人工智能技术（Artificial Intelligence，简称 AI）已经成为我们生活中不可或缺的一部分。从智能手机、自动驾驶汽车到医疗诊断和金融投资决策，AI 正以其强大的计算能力和学习能力改变着我们的世界。人工智能技术指的是能够模拟人类智能和学习能力的计算机系统。它涵盖了多个领域，包括机器学习、深度学习、自然语言处理、计算机视觉等。这些技术的核心在于模仿人类的思维过程，使计算机能够识别、理解、推理、学习和自我改进。

 读一读

近日，青岛市智慧农业大数据平台亮相青岛农业"国际客厅"5G 数字展厅，数字技术加持下的智慧农业新生态跃然眼前，如图 6-2 所示。

"通过整合 40 余类农业农村基础数据建成'农业大数据一张图'，实现了'一图知家底、一网管全市'的决策功能。"据青岛市智慧农业发展服务中心相关负责人介绍，该平台有效解决了信息系统建设分散、信息孤岛及数据壁垒等问题，实现了农业农村数据的深度挖掘和利用。利用人工智能识别技术能够对全市小麦、玉米种植分布及长势的卫星遥感影像动态追踪识别分析，种植面积识别率可达 98% 以上。在此基础上，结合温度、湿度、光照等气象信息进行大数据分析，及时精准开展农事指导服务，优化种植效果，提高管理效率。

图 6-2　智慧农业

二、人工智能技术的发展历程

人工智能技术的发展历程可以细分为以下几个关键阶段。

1. 萌芽阶段（20世纪50年代至60年代）

在这一时期，科学家们首次提出了"人工智能"的概念，并进行了初步的探索和研究。1950年，阿兰·图灵提出了著名的图灵测试，用于判断机器是否能够表现出类似人类的智能行为，这奠定了人工智能的理论基础。1956年，达特茅斯会议召开，标志着人工智能作为一个独立学科的诞生。会议上，"人工智能"这一术语被正式确定，并启动了一系列相关的基础研究。

2. 实际研究与应用探索阶段（20世纪60年代至70年代）

此阶段的研究者们在不同领域中进行着深入的理论研究与应用尝试，使人工智能逐渐从抽象概念转变为解决实际问题的工具。专家系统在这一时期兴起，成为AI早期的重要发展成果。例如，DENDRAL用于化学分析，MYCIN则用于医学诊断，这些系统利用规则和知识库模仿人类专家的推理过程。然而，由于对AI能力的过度期望未能实现，加上专家系统的局限性逐渐显现，如处理复杂问题时的不足，投资者投资热情减退，AI研究一度陷入低谷，这一时期被称为"AI冬天"。

3. 复苏与成长阶段（20世纪80年代至90年代）

随着计算机硬件的进步和神经网络研究的复苏，人工智能研究重新焕发活力。商用专家系统的应用和反向传播算法的提出为AI的发展注入了新的动力。这些技术突破使得AI在更广泛的领域得到应用，并提高了其解决实际问题的能力。

4. 现代化阶段（21世纪初至今）

得益于计算能力的显著提升、大数据的广泛应用以及深度学习等新兴技术的突破，人工智能迎来了飞速发展。自动驾驶汽车在复杂交通环境中的自主导航，智能家居系统通过智能化控制提升生活便捷性，金融服务利用AI进行风险评估和欺诈检测等应用逐渐成为现实。同时，AI技术也在不断拓展新的应用领域，如医疗健康、教育、娱乐等，为社会发展和人们的生活带来了前所未有的变革。

三、人工智能技术的挑战与前景

人工智能技术在带来众多便利和机遇的同时，也面临着一些挑战。

1.数据隐私与安全性问题

随着大数据时代的到来，AI 系统需要处理的海量数据往往涉及个人隐私。如何在利用这些数据的同时保护用户隐私，成为一个亟待解决的问题。例如，智能家居设备可能会收集用户的日常生活习惯数据，这些数据若被滥用或泄露，将对用户隐私造成威胁。

2.伦理与法律问题

AI 技术在决策过程中可能产生偏见，如何确保算法的公平性和透明度成为一个重要议题。此外，当 AI 系统造成损害时，如何界定责任也是一个复杂的法律问题。

3.社会接受度与就业结构变迁

尽管 AI 技术带来了诸多便利，但部分公众对其仍持怀疑态度，担心 AI 会取代人类工作，导致失业问题。事实上，AI 的发展确实在改变就业结构，一些传统岗位可能会被自动化取代，但同时也会催生出新的就业机会。

4.技术瓶颈与跨学科整合

目前 AI 技术仍面临一些技术瓶颈，如算法和硬件的限制。为了克服这些限制，需要跨学科的知识和技术融合。例如，量子计算与 AI 的结合有望突破当前的技术瓶颈，为 AI 带来新的发展机遇。

四、人工智能的更多应用

随着技术的不断进步和创新，AI 有望在更多领域得到应用。

1.个性化服务与产品

随着大数据和机器学习技术的发展，AI 系统能够更精准地理解用户需求并提供个性化的服务与产品推荐，为消费者提供更好的购物体验和生活便利。

2.智能化社会建设

AI 技术有望在智慧城市、智能交通等领域发挥重要作用，推动社会的智能化进程。例如，通过智能交通系统的实现可以优化城市交通管理，提高出行效率。

3.伦理与法律框架的完善

面对 AI 技术的挑战和问题，社会各界将共同努力制定和完善相关的伦理规范和法律法规以确保 AI 技术的健康、可持续发展。

活动二　人工智能的相关技术

一、计算机视觉技术

计算机视觉是用来研究计算机模仿人类视觉系统的科学，使机器像人类一样具有视觉功能甚至"思考"的能力。计算机视觉是通过摄像机等设备采集图像、视频数据等数字信号作为信息输入，然后利用计算机对这些信息进行处理，实现对目标的检测、识别和跟踪等功能，最后得出符合要求的判断和解释。

1. 智能安防监控

智能安防监控运用了计算机视觉领域中最重要的目标跟踪技术，是现代化智能安防的主要组成部分。随着人们对安全需求的不断提高，尤其是公共安全，视频监控系统已经在生活和工作中随处可见，遍布学校、道路交通、商场、工厂企业、小区等各种场所。由于监控对象日益复杂和监控数据急剧增加，因此传统的人工监控方式已经不能满足安防的需求。采用计算机视觉技术的智能视频监控系统，利用目标跟踪技术采集数据，然后对数据进行处理和分析，对异常情况快速做出判断和反应，辅助人们寻找和定位目标，做到对数据充分有效的利用，为安防工作提供了有力的支持。

📖 **读一读**

　　实施长江"禁捕"，是贯彻落实"共抓大保护、不搞大开发"的战略部署，是保护长江母亲河、恢复长江生物多样性的重要举措。作为九省通衢的湖北，拥有全国最长的长江干线，禁捕执法监管任务线长面广、覆盖难度大。湖北省武汉市实施"天网工程"，赋能长江禁捕。"天网工程"运用了视频感知、人工智能、大数据、热成像联动识别，配合无人机等先进技术，可智能识别违法行为，精准推送预警信息。"天网工程"不仅具有动态信息可视化、目标监控多元化、水域监管智能化等特色，还兼具生态保护功能，能够常态化监测长江流域水生生物，如图 6-3 所示。

图 6-3　天网工程

 想一想

计算机视觉技术在我们的身边还有哪些应用场景呢？

2. 人脸识别

人脸识别主要用于身份识别，这种技术目前比较成熟，在很多地方得到了应用，如小区门禁、刷脸支付、电子身份证、银行自助提款机等。

 读一读

电子游戏的防沉迷，一直是社会各界非常重视的议题。国内某游戏公司针对旗下游戏产品，开启了针对疑似未成年用户的人脸识别验证工作，在其已有的疑似未成年人识别模型上，开启针对疑似未成年的人脸识别验证功能，巩固完善了防沉迷机制和未成年网络保护体系。

3. 无人驾驶

无人驾驶技术又称自动驾驶技术，其中计算机视觉是其强大的技术支撑。在无人驾驶领域，计算机视觉技术主要应用在感知阶段，如对车道线、边缘线、交通标志的检测，对红绿灯、行人的识别等。

二、自然语言处理

自然语言处理是让计算机像人类一样理解和处理自然语言，包括对词汇、句式、语义和用语的分析。计算机通过深度学习，理解人类的语义、语境，从而实现良好的人机交互。

1. 聊天机器人

智能客服聊天机器人常见于网站首页或手机终端，它能够和用户进行基本沟通，自动回复客户关于产品或服务的相关问题。娱乐聊天机器人可以根据某种主题，如生活小常识、某个新闻等，轻松实现人机聊天。教育聊天机器人可根据教育内容构建交互环境，帮助用户进行知识、技能等方面的学习，并指导用户由浅入深地学习直到掌握该知识或技能。

✉ 读一读

随着社会的不断进步和科技水平的提高，人工智能逐渐进入人们生活的方方面面。越来越多的"智能上菜机器人"穿梭于各大城市的餐厅座椅间，将客人点的菜送到餐桌前。"智能上菜机器人"不仅能够自己计算最优路线，提前设定运行线路，还可以主动避障。除了可以上菜，智能上菜机器人还可以和客人进行互动，它不仅会打招呼，还会"聊天"。客人提出的一些问题它可以给予解答。说起话来既专业又不失可爱，如图6-4所示。

图 6-4　上菜机器人

试一试

在外面吃饭时，你有遇到过智能上菜机器人吗？下次遇到时，记得和它聊聊天哟！

2. 语音识别

语音识别就是让计算机识别或理解用户的语言，并将其转变为相应的文本内容或命令的技术。它的最大优势在于使得人机用户界面更加自然和容易使用。语音识别技术已经进入家电、消费电子产品、通信、汽车电子、医疗、工业、家庭服务等各个领域。

 做一做

你家的电视有语音识别功能吗？如果有，可以试试通过语音调整电视机音量大小，或者用语音选择电视台节目。

3. 机器翻译

机器翻译又称为自动翻译，是利用计算机将一种自然语言转换为另一种自然语言的过程。机器语言是计算语言学的一个分支，涉及计算机、认知科学、语言学、信息论等学科，是人工智能的终极目标之一，具有重要的科学价值和实用价值。随着经济全球化及互联网的飞速发展，机器翻译技术在促进政治、经济、文化交流等方面起到越来越重要的作用。

三、决策系统

决策系统又叫决策支持系统，是人工智能的一个重要研究领域。决策系统为决策者提供分析问题、建立模型、模拟决策过程和方案的环境，调用各种信息资源和分析工具，帮助决策者提高决策水平和质量。随着科学技术的进步以及人工智能技术的成熟，决策支持系统智能化已经成为业界研究与实现的目标。目前为止，已有一些先进的智能决策支持系统在商业、工业、政府和国防等部门获得成功应用，对社会和组织产生了重大的影响。

1. 交通事故决策

交通事故管理问题是一个非常复杂的非结构性问题。交通事故的管理可以分为事故检测、事故确定、事故响应和事故清除四个阶段，每个阶段又有很多方案需要决策者进行决策。面对大量、复杂的相关数据，决策者采取哪套救援方案、如何指挥各个部门协同工作，高效地进行事故管理，将直接影响到事故所造成的损失大小。决策支持系统能够较好地解决非结构化问题，为决策者提供定性和定量的建议，辅助其决策。

 读一读

　　"广西公路地质灾害智能监测预警系统"将硬件设备和配套应用软件分别安装到桂东、桂西、河池、百色、桂林 5 个公路发展中心管养公路段的 46 个监测点。各监测点系统根据前期对边（滑）坡地质灾害点的调查与评估，实施地表、地下、降雨量、声光一体报警等作业，进行全方位、实时全天候动态监测，对边坡失稳等各种不安全因素进行实时监测预警和评判，及时捕捉灾害发生的前兆信息，现场释放声光报警信号，为所属公路养护应急管理提供决策依据，以便及时采取有效应急措施，保障公路沿线人民群众生命财产安全，如图 6-5 所示。

图 6-5　广西公路地质灾害智能监测预警系统

2. 商品销售决策

　　某连锁店超市将尿布和啤酒摆在一起销售的举措使尿布和啤酒的销量双双增加。该连锁超市拥有世界上最大的数据仓库系统，集中了其各门店的详细原始交易数据，通过人工智能技术对这些原始交易数据进行分析和挖掘，能够准确了解顾客的购买习惯，对顾客的购物行为进行分析，了解顾客经常一起购买的商品。一个意外的发现是：跟尿布一起购买最多的商品竟是啤酒。经过大量实际调查和分析，揭示了产生这一现象的原因是：太太们常叮嘱她们的丈夫下班后为小孩买尿布，而丈夫们在买尿布后又随手带回了他们喜欢的啤酒。

 做一做

　　请查找清华大学虚拟学生"华智冰"的相关信息，感受人工智能的魅力。

『学习总结』

1. 人工智能技术在多个领域有典型应用，如智能安防监控中的目标跟踪技术、人脸识别技术用于身份识别、无人驾驶技术中的计算机视觉支撑等。自然语言处理方面则包括聊天机器人实现人机交互、语音识别技术使人机界面更自然、机器翻译促进语言交流等。此外，在决策系统中，人工智能技术也辅助处理复杂的非结构化问题，如交通事故管理和商品销售决策等。

2. 人工智能技术正逐步渗透到社会的各个角落，它的应用不仅提升了工作效率，还带来了前所未有的便捷与智能。从安防到交通，从语言处理到决策支持，人工智能技术的广泛应用正推动着社会各领域的智能化升级。

『学习延伸』

用 AI 技术对老动画施展时间"魔法"

提到动画修复，人们的刻板印象是工作室内修复师对胶片进行清洗、扫描、调色。一整套动画修复流程走完，往往需要几个月，甚至半年、数年之久。在过去，储存电影包括动画片的介质主要是胶片，早期胶片都采用硝酸片基，这是一种比纸更易燃的物质，虽然在1960 年之后硝酸片基基本被醋酸片基、涤纶片基取代，但不管是哪种片基（一种塑料薄膜，是感光胶片的支持体），都很难在常温下保存很久。为了更安全地保存老动画（老影片），以及抢救和还原那些损伤的胶片，动画修复技术也在不断革新。随着深度学习和 AI 算法的兴起，"老片"修复逐渐从人工转向了"人工 + 智能"的修复模式。

老动画修复主要是图像、视频等底层多媒体任务，比如降噪、超分、色彩增强等，其中很多环节结合 AI 的深度学习算法，能够大幅提升修复效率和质量。以往人工处理耗时较长的一些修复过程，例如消除画面划痕、噪点等瑕疵，专业师傅每天只能修复一两百帧，AI算法结合强大的算力可以加速数万倍。

一边是褪色、卡顿、画面失帧的老动画，一边是新兴的计算机算法。旧的与新的修复技术结合在一起，已经可以让老动画呈现 4K 效果。让传统动画以高清、流畅的面貌再次唤醒观众的儿时记忆。不久前，《哪吒传奇》《葫芦兄弟》《黑猫警长》等 6 部经典动画作品的 4K 修复版上线国内某视频平台。加之经典动画大片《天书奇谭》的 4K 纪念版已于 11 月5 日在全国院线公映，承载几代中国人共同记忆的传统动画片正以崭新面貌悄然走来。

任务二　人工智能在智慧农业中的应用

『学习情境』

　　浙江省建德市三都镇是杭州地区的柑桔主产区。近年来，当地积极推进数字智慧农业建设，打造"柑桔数字农业示范园"，在生产中采用智能水肥药一体化管控、环境数字化监测、物联网病虫诊控等技术手段，并将气象、土壤、产地环境、病虫害等各种数据进行汇总和分析，为桔类作物生产提供决策依据，如图6-6所示。目前，三都镇"柑桔数字农业示范园"建设已取得初步成效，精品果园亩均增产1500斤，预计年经济效益可达200余万元。

图6-6　柑桔数字农业示范园

『学习目标』

　　1. 了解智慧农业的内涵和作用；

　　2. 了解人工智能在智慧农业中的应用；

　　3. 体验人工智能助力乡村振兴。

『学习探究』

活动一　认识智慧农业

一、智慧农业的定义

　　随着科技的飞速发展，智慧农业作为现代农业的一种新模式，正逐渐走进我们的视野。

它将现代信息技术与传统农业生产相结合，通过智能化管理、精准化作业和信息化服务，为农业生产带来了前所未有的变革。

　　智慧农业是利用物联网、大数据、云计算、人工智能等现代信息技术，对农业生产进行智能化管理、精准化作业和信息化服务的新型农业发展模式。它相当于给农田装上了一双"慧眼"，让农民能够实时了解农田的环境参数、作物生长状况等信息，从而实现资源的最优化配置和环境的友好保护。

✉ 读一读

　　随着科技的飞速发展，智慧农业正成为推动农业现代化、提升农业生产效率和质量的重要力量。山西省某生猪养殖企业通过整合现代信息技术，建立了一个现代化、信息化的生猪养殖实时数据监测中心及管理信息系统，如图6-7所示，实现了各环节的智慧化管理和优化。

　　该公司依托先进的生物检测中心，运用数量遗传学和分子遗传学理论，结合大数据育种技术和分子标记辅助育种技术，精准地进行遗传评估，成功培育出多种高端优质的种猪。通过生猪养殖环境监控监测、生猪信息管理、发情监测等功能，实现了对母猪群的个体精准管理，能够实时掌握生猪的各项生长信息，从而做出更科学的管理决策。在饲料加工环节，自动化的饲料配方设计、执行、调整和核查系统，以及全自动化的运营环节，保证了饲料产品的安全和可追溯性。同时，自动配料系统通过模块化设计和人机交互数字化管理，显著节约了人工成本，提高了工作效率。屠宰环节也实现了全面的信息化管理，从生猪采购进厂到产品出厂销售，所有环节均有详细记录，确保了生猪进厂到产品出厂各环节的有效追溯。

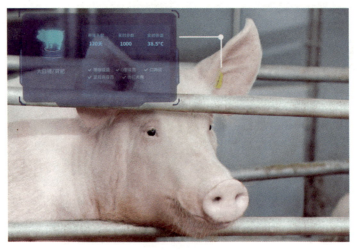

图6-7　生猪信息管理系统

二、智慧农业的关键技术

1. 物联网技术

物联网技术是智慧农业的基础，它通过无线传感网络、RFID技术、GPS定位等技术手段，实现了对农业生产环境的实时监控和数据采集。在农田中部署的传感器可以实时监测土壤湿度、温度、pH值、光照强度、CO_2浓度等关键环境参数，这些数据通过无线网络传输到中央控制系统，为农民提供决策支持。例如，通过土壤湿度传感器，农民可以精确掌握灌溉时机和水量，避免水资源浪费；通过温度传感器，可以预测霜冻等自然灾害，提前采取措施保护作物。

2. 大数据技术

大数据技术能够对海量、多源的农业数据进行快速处理和分析，挖掘数据背后的规律和趋势。这些数据包括农田环境监测数据、作物生长数据、市场供需数据等，通过大数据分析，可以预测作物产量、市场需求等关键信息。例如，利用大数据分析技术，农民可以根据历史数据和当前环境参数预测作物病虫害发生的可能性，从而提前采取防治措施。

3. 云计算技术

云计算技术为智慧农业提供了弹性的计算和存储能力，使得农业数据可以随时随地被访问和处理。通过云计算平台，农民可以将数据上传到云端，利用云端的强大计算能力进行复杂的数据分析和模型构建。此外，云计算还支持多用户同时访问和数据共享，促进了农业信息的流通和协同工作。

4. 人工智能技术

人工智能技术在智慧农业中的应用日益广泛，包括机器学习、深度学习等算法的应用。这些算法可以对农业数据进行智能感知、预测和优化决策，为农民提供更加精准的管理建议。例如，利用机器学习算法，可以根据作物生长数据和环境参数预测作物的成熟期和最佳收获时间；通过深度学习算法，可以对病虫害图像进行识别和分析，为病虫害防治提供科学依据。

在农业领域，智慧农业技术的引入正在带来革命性的变革。传统的水产养殖模式中，对于鱼类的管理和捕捞往往依赖于人工，既耗时又耗力，而且效果并不理想。重庆某科技公司的智能赶/拦鱼解决方案彻底改变了这一现状。它利用先进的传感技术和智能算法，实现了对鱼类的精确管理和捕捞。这一解决方案的核心在于智能赶/拦鱼设备，如图6-8所示。这些设备被安装在湖泊、水库等水产养殖场所的关键位置，如进水口、出水口及泄洪口。通过集成多种传感器，实时监测水域环境，包括水温、水质、鱼类活动等信息，判断鱼类的活动规律和迁移路径，精准地进行赶鱼和拦鱼操作。不仅提高了捕捞效率，而且减少了对鱼类的伤害，保证了鱼类的健康生长。

图6-8　智能拦鱼设备

三、智慧农业的优势

1.提高农业生产效率

智慧农业通过应用传感器、自动化系统和远程监控等技术，实现了对农作物生长状态、土壤条件和气象信息的实时监测和管理。这种精准化的管理方式，使得农业生产者可以更加准确地把握农作物的需求，从而做出更合理的决策，有效提高了农作物的产量和质量。例如，通过土壤湿度传感器实时监测土壤水分状况，农业生产者可以在需要时精确灌溉，避免了传统灌溉方式中的水资源浪费，同时也确保了作物在关键生长阶段得到充足的水分供应。

2.资源优化和节约

智慧农业项目通过精确施肥、精确浇灌和智能灌溉系统等技术手段，显著减少了化肥和水资源的过量使用。这不仅降低了农业生产成本，还减少了环境污染，有效减轻了农业活动对环境的压力，实现了资源的可持续利用。

3. 农作物病虫害预警与防治

结合物联网和大数据分析技术，智慧农业能够实时监测和分析农田的病虫害情况。一旦发现病虫害迹象，系统可以迅速发出预警，指导农业生产者及时采取控制措施，从而有效减少病虫害对农作物的影响。这种预警机制不仅提高了农作物的抗病虫害能力，还降低了因病虫害导致的产量损失，进一步提升了农业生产的经济效益。

4. 农产品追溯和品质保证

智慧农业建立了完善的农产品追溯系统，记录了农作物从种植到收获的全过程信息。这为消费者提供了透明的产品信息，增强了消费者对农产品安全性和质量的信心。同时，通过追溯系统，农业生产者可以迅速识别和应对潜在的质量问题，及时采取措施进行改进，从而确保农产品的品质始终保持在高标准水平。

5. 促进农业可持续发展

智慧农业强调资源的合理利用和环境的保护，通过减少化肥、农药的使用以及优化灌溉方式等措施，降低了农业生产对自然资源的依赖和对环境的破坏。这种可持续的农业发展模式不仅有利于保护生态环境，还为农业生产者带来了长期的经济效益和社会效益。

活动二　人工智能在智慧农业中的应用

人工智能技术在农业领域的研发及应用早在本世纪初就已经开始了，既有耕作、播种和采摘等智能机器人，也有智能探测土壤、探测病虫害、气候灾难预警等智能识别系统，还有在家畜养殖业中使用的禽畜智能穿戴产品。这些应用正在帮助农民提高产出、提高效率，同时减少农药和化肥的使用。

一、智能机器人

智能机器人利用计算机图像识别技术来获取农作物的生长状况，并通过机器学习，分析和判断出哪些是杂草需要清除，哪里需要灌溉，哪里需要施肥，哪里需要打药，并且能够立即执行。智能机器人能够更精准地施肥和打药，与传统种植方式相比，可以大大减少农药和化肥的使用。智能播种机器人还可以通过探测装置获取土壤信息，通过算法得出最优化的播种密度并且自动播种。除了播种和田间管理，农业智能机器人还可以帮农民采摘成熟的蔬果。

读一读

　　在陕西洛川苹果产业园区内，一台摘苹果机器人正在进行采摘试验作业。该产业园内有 1000 亩标准矮化密植生产基地，每年雇工需要花费近 150 万元。近年来，该基地开始大量使用机械来打药、施肥、除草，减少用工人数，降低企业生产成本，并引进国内某科技公司研发的智能摘苹果机器人，实现苹果的智能化采摘，如图 6-9 所示。

　　该智能机器人由一个移动载体和六个机械手组成，利用人工智能技术，可以自动识别苹果位置，并能根据苹果的成熟度进行分选，采摘速度快，成本低，可实现 24 小时实时不间断作业，预计一天可采摘 3 万斤左右。

图 6-9　智能摘苹果机器人

二、智能图像识别

　　借助机器学习和深度学习，如今智能图像识别准确率越来越高，而应用也逐步扩展到各行各业之中。通过 AI 与机器学习视频监控系统，运用视频分析技术，可以自动识别家畜和野生动物，防止它们意外破坏或闯入农作物区域，阻止它们从偏远位置进入农场偷食。每一位农业生产参与者都可以保护自己的田地和建筑物的外围，使大规模的农业运营变得与单个农场的运营一样容易。通过对卫星拍摄图片、使用无人机航拍图片以及农田间其他设备拍摄的照片进行智能识别和分析，人工智能能够精确预报天气、气候灾害，识别土壤肥力、农作物的健康状况，对农作物的产量做出精准预测。除了天气预测和产量预测，人工智能对农作物各种图像的学习还能判断出农田哪里有杂草入侵，哪个地块的农作物养分不足，哪里的农作物正在发生病虫害等，并采取相应的措施。

　　随着全球气候的变暖，农民将面临更多的干旱、洪水和难熬的高温，这些灾害大大影响了农作物生长。全球变暖还将会产生更多贪婪的蚱蜢、毛虫和其他吞噬庄稼的害虫，从而对农业生产造成灾难性的后果。

　　我国某农业科技公司推出的智能型虫情测报灯利用现代光、电、数控技术、无线传输技术、物联网技术构建出一套害虫生态监测及预警系统，该系统集害虫诱捕和拍照、环境信息采集、数据传输、数据分析于一体，实现了害虫的诱集、分类统计、实时报传、远程监测、虫害预警、防治指导的自动化及智能化，具有虫体远红外自动处理、接虫袋自动转换、整灯自动运行等功能，在无人监管的情况下，能自动完成诱虫、杀虫、收集、分装、排水等系统作业，如图 6-10 所示。

图 6-10　智能型虫情测报灯

三、禽畜智能穿戴产品

　　人工智能还可以用于禽畜的养殖业。例如在养牛行业，牛会视人类为捕食者，养牛场的工作人员往往会给牛群带来紧张情绪。人工智能技术利用农场的摄像装置获得牛脸以及身体状况的照片，通过深度学习对牛的情绪和健康状况进行分析，帮助牧民判断出哪些牛生病了，生了什么病，哪些牛没有吃饱，甚至哪些牛到了发情期，等等。除了摄像装置对牛进行"牛脸"识别，还可以配合戴在奶牛脖子上的可穿戴智能设备采集牛的生长数据，通过人工智能技术对牛进行健康分析、发情期预测、喂养状况、位置服务等。极大地节省了牧民的工作时间，提高了工作效率。

📩 **读一读**

　　红原县位于四川省西北部、阿坝州中部，是长江、黄河上游重要的水源涵养地和生态屏障，被誉为"中国牦牛之乡"。按照传统放牧方式，"牛羊跟着水草跑，牧民跟着牛羊跑"是不二法则。然而，一年多次转场让牧民们疲于奔波，牦牛走失、被盗、被野兽袭击、"冬瘦春死亡"等问题经常发生，这也给政府统一监管带来了难度。近年来，该县积极打造智慧畜牧业综合应用平台。通过该平台，牧民可以利用耳标、脖环等物联网设备实现定位防盗、异常状态报警、空气和土壤环境监测等功能，有效减少牦牛损失。还可以对牦牛生长周期、供销情况、保险购买、发展趋势和检疫信息等数据信息进行全方位的分析和处理，帮助牧民、畜牧局随时随地了解牦牛市场行情。

　　广袤的草原上，戴着智能耳标的牛群悠闲地吃着牧草；温暖的住宅里，牧民们正在用手机 App 检查着牦牛的数量……如今，畜牧业作为关系到"餐盘"的重要行业，正借助数字技术脱胎换骨，朝着智慧农业的方向越走越远，如图 6-11 所示。

图 6-11　戴着智能设备的牦牛

四、人工智能决策

　　除了智能穿戴设备，还有更多的农业物联网设施，如田间摄像头、温度湿度监控、土壤监控、无人机航拍等。这些设施能够为农业管理提供海量的实时数据，通过人工智能机器学习和深度学习，可以把这些海量的数据及时变成对农户有价值的信息。如哪里虫害超标，哪里需要灌溉等。人工智能还可以通过算法给出各种最优化的方案，如根据土壤环境状况，结合市场行情预测，给出今年该地适合种玉米还是大豆的决策。

读一读

　　在新疆库尔勒尉犁县棉花种植面积常年稳定在100万亩左右，棉花承载着农民增收的希望。以前，棉农种植的棉花植株矮，需要大量的人工进行采摘，采摘时需要背着袋子、窝下身子蹲着采摘。每到棉花丰收的季节，整列的火车拉着从内地来的拾花工。而如今，随着智慧农业管理系统的使用，从播种到收获，全部实现了智能化管理，如图6-12所示。

　　播种通过安装了导航系统的精量播种机完成，种出来的棉花整整齐齐，减少了种子的浪费，采收时效率也更高了。遥感无人机拍下棉田的高清数字地图，通过人工智能处方图技术，智慧农业管理系统快速对图片完成分析，不需要人下地，哪里缺苗、不同地块棉花的长势、病虫害的情况等，屏幕上一目了然。土壤水分减少了，传感器就会自动发送短信到棉农的手机上，提醒棉农浇水。而泵站的水泵也可以自动运转，出水桩按程序打开，泵房设备的运转情况远程就能控制监管。棉农可以通过手机随时随地查看棉田情况，控制灌溉时间和水量，在家里就可以管理棉田，种棉花越来越方便。

图6-12　智慧农业管理棉花种植

『学习总结』

　　1.智慧农业作为农业的未来发展方向，融合了现代科学技术与农业种植，旨在实现农业生产的无人化、自动化和智能化管理。其核心特点包括精准操控、高效节能、提升品质以及追根溯源，这些特点共同助力农业生产提高效率、应对环境风险，并确保农产品的安全与品质。

　　2.在实际应用中，人工智能技术通过智能机器人、智能图像识别、禽畜智能穿戴产品以及人工智能决策等手段，为农业生产提供了全方位的支持。从田间管理到产量预测，再到家畜养殖，人工智能的广泛应用正深刻改变着传统农业的生产方式，推动其向更高效、更智能的现代产业转型。

『学习延伸』

数谷农场

　　重庆数谷农场是梁平区乡村文化振兴基地，位于梁平区金带镇双桂村，占地面积400亩，是"万石耕春"田园综合体核心区组团。它由中国农科院、北京中环易达设施园艺科技公司设计建造，将大数据、人工智能运用于农业生产经营管理，是一个集现代农业生产，现代农业科技示范、应用及培训，农业科普教育与农业观光旅游等功能于一体的综合型现代智慧农业园区。这里集观光旅游、采摘、餐饮于一体，凭借满满的科技感和如诗如画的田园风光，收获了众多参观者的心，也成为渝东北地区热门研学旅行地之一，如图6-13所示。

图 6-13　数谷农场

　　现已建成高端智能温室3.5万平方米，包括"一馆、一厅、四场、两园、一中心"，即中国农科院·云腾田园馆、乡村振兴展厅、荷兰·番茄工场、以色列·花卉工场、重庆农科院·瓜果工场、西南大学·草莓工场、有机稻蟹生态示范园、自然校园、智联总控中心，实现了农业数字化、精准化、智慧化的完美融合。

　　在生态与科技相融的中国农科院·云腾田园馆内，植物都是无土栽培。馆内精准的环境控制、水肥智能循环等系统，各自都肩负着监测"使命"，监测着馆内的各种变化，让植物拥有最理想的"生长国度"，为参观者献上这一方四季果蔬飘香的富庶之地。瞄准世界园艺发展前沿的荷兰·番茄工场，以番茄无土栽培技术为核心，通过无限生长型品种选育、智能温室环境控制、水肥智能循环体系为工场注入科技感。现代科技改变了土地与耕种的固有观念，馆里盛开的花卉、长势喜人的蔬果，无一不将智慧科技体现得淋漓尽致。亲临重庆数谷农场，参观者不仅能感受到现代农业科技的突飞猛进、领略现代农业发展的流光溢彩，还能在温暖如春的农业大棚里体验亲自采摘的乐趣，一展"身手"，与大自然零距离接触。

农田变景区，田园变公园，梁平区注重农文旅深度融合，让乡村旅游迈上新台阶。目前，数谷农场利用当地得天独厚的地理优势，吸引川渝地区周边游客前来度假游玩，这里可以赏花卉绿植、体验果蔬采摘，乐趣无穷。田间劳作摆脱靠天吃饭，转向数据化精准管理；绿色有机蔬菜"风生水起"，质量稳步提升；农文旅深度融合，多方促进农民增收。数谷农场一系列新技术、新模式让智慧农业在梁平生根发芽，为实施乡村振兴注入新动力。

任务三 使用中国食品（产品）安全追溯平台

『学习情境』

中国食品（产品）安全追溯平台是国家发展改革委确定的重点食品质量安全追溯物联网应用示范工程，主要面向全国食品生产企业，实现食品追溯、防伪及监管，由中国物品编码中心建设及运行维护，由政府、企业、消费者、第三方机构使用。国家平台接收 31 个省级平台上传的质量监管与追溯数据；完善并整合条码基础数据库、QS、监督抽查数据库等质检系统内部现有资源(分散存储、互联互通)，通过对食品企业质量安全数据的分析与处理，实现信息公示、公众查询、诊断预警、质量投诉等功能。

今天，就让我们使用中国食品（产品）安全追溯平台，一起体验一下食品溯源吧！

『学习目标』

1. 了解中国食品（产品）安全追溯平台的相关功能；
2. 知道中国食品（产品）安全追溯平台的进入方式；
3. 能使用农产品追溯码对产品进行安全追溯。

『学习探究』

活动一　认识中国食品（产品）安全追溯平台

在当下社会，食品安全问题日益受到人们的关注。为了保障公众的饮食安全，提高食品质量，中国建立了食品（产品）安全追溯平台。这一平台利用现代信息技术，实现了对食品生产、流通、消费全过程的跟踪与追溯，成了守护我们餐桌安全的重要力量。

中国食品（产品）安全追溯平台是一个集政府监管、企业参与、消费者查询于一体的综合性服务平台。它运用了国际统一的追溯标准，通过为每个食品赋予唯一的追溯码，实现了"一物一码"的精细化管理。这意味着，每一件食品从原材料采购到生产加工，再到仓储物流，直至最终销售，其所有信息都被详细记录并可通过追溯码进行查询。

1. 平台架构与技术基础

中国食品（产品）安全追溯平台采用了高度模块化的架构设计，包括数据采集层、数据处理层、数据应用层等多个层次。平台通过物联网技术，如 RFID、传感器等，实时收集食品在生产、加工、仓储、物流等各个环节的数据。同时，利用云计算和大数据技术，对这些海量数据进行高效存储、处理和分析，确保追溯信息的准确性、完整性和实时性。

2. 政府监管的全方位支持

平台通过数据分析，能够及时发现食品安全隐患，并向政府部门发出预警。这有助于政府在第一时间采取措施，防止问题食品流入市场。通过平台收集的大量实际数据，政府可以更加科学地制定食品安全政策和标准，并通过平台监控政策的执行情况。平台还支持多个政府部门之间的信息共享和协同工作，提高了监管效率和响应速度。

3. 企业管理的全面优化

企业可以通过平台对生产流程进行精细化管理，确保每一个环节都符合安全标准。同时，平台提供的数据分析功能帮助企业优化生产流程，降低成本。平台记录了食品的详细质量信息，包括原料检测、半成品检测、成品检测等。这有助于企业及时发现质量问题并进行改进。透明的追溯信息增强了消费者对品牌的信任度。企业可以利用这一优势进行市场营销，提升品牌形象和市场份额。

4. 消费者权益的全面保障

消费者可以通过手机 App、网站等多种方式轻松查询食品的详细信息。这些信息包括食品的成分、生产日期、保质期、生产厂家等，让消费者买得放心、吃得安心。如果消费者对购买的食品有任何疑问或不满，可以通过平台进行投诉。平台将协助消费者与相关企业或政府部门进行沟通，维护消费者的合法权益。

5. 防伪与打假的高效手段

平台为每个食品分配了独特的防伪标识，消费者可以通过扫描标识来验证食品的真伪。这有效打击了假冒伪劣产品的流通。平台通过追踪食品的流通路径，能够及时发现并打击窜货行为，维护市场的公平竞争环境。

随着技术的进步和应用需求的增加，平台将逐渐覆盖更多种类的食品和农产品，实现全品类的追溯。积极与国际组织和其他国家的追溯系统进行对接与合作，推动全球食品安全标准的统一和信息的共享。不断探索运用人工智能、区块链等前沿技术，提升追溯的精准度、效率和安全性。例如，利用区块链技术确保追溯信息的不可篡改性，利用人工智能技术实现食品安全风险的智能预测与预警。通过先进的技术手段和创新的管理模式，确保食品从生产到消费的每一个环节都安全可靠，为构建安全、健康、和谐的食品产业生态提供有力支持。

活动二　使用中国食品（产品）安全追溯平台微信小程序对超市货品进行溯源

下面，我们将通过中国食品（产品）安全追溯平台微信小程序对超市随机选择的两款产品进行溯源。

①到附近超市随机选择两款产品，并将条码拍照，如图 6-14 所示。

图 6-14　拍摄两款产品的条码

②打开微信，扫描中国食品（产品）安全追溯平台微信小程序码或搜索条码追溯，如图 6-15 所示。

图 6-15　平台微信小程序码和条码追溯

③进入小程序，点击扫码图标，如图 6-16 所示。

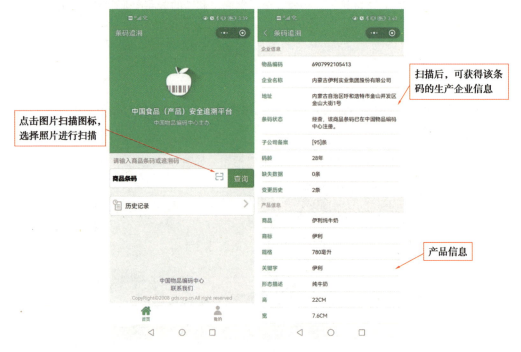

图 6-16　扫描条码查询产品信息

④扫描另外一张产品照片，获得编码追溯信息，如图 6-17 所示。

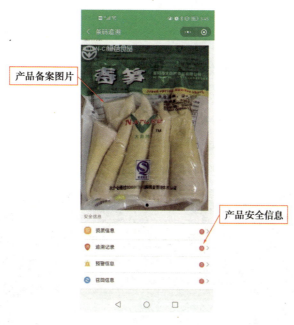

图 6-17 扫描另一款商品

除了可以通过拍照对产品进行条码溯源，还可以直接扫描商品条码，更加方便。这样，一款常见产品的条码溯源就完成了。你学会了吗？

 做一做

　　请到超市随机选择 5 款产品，运用条码追溯小程序进行溯源，了解该产品的企业信息、产品信息备案图片和安全信息等。

『学习总结』

　　1.中国食品(产品)安全追溯平台的特点包括由正规机构实施、扫码便捷、追溯信息全面、使用全球通用语言、具备大数据分析能力以及操作简洁等。该平台通过应用国际统一追溯标准，为生产企业提供了全方位的追溯服务，涵盖了企业资质、原材料、生产加工、质检报告以及订单流向等信息。

　　2.通过中国食品（产品）安全追溯平台的微信小程序，消费者可以方便地对超市货品进行溯源。只需拍摄产品条码或直接扫描商品条码，即可快速获取产品的追溯信息。这种便捷的操作方式不仅增强了消费者对产品质量的信心，也提升了企业的透明度和信誉度。

『学习延伸』

AI 实时预警　宁波象山上线"卤肉食品安全追溯管理系统"

"您好，发现您未戴口罩，请及时整改。"宁波象山城东菜市场某熟食店的从业人员王某刚摘下口罩，店内的 AI 设备立即传出了提示音。这是象山县市场监管局为探索"卤肉食品安全一件事"集成改革，在熟食销售门店安装的具备 AI 实时分析预警功能的监控设备，可以监测从业人员的不规范行为并实时提醒，如图 6-18 所示。

图 6-18　通过安全追溯管理系统管理卤肉行业

卤肉制品作为市民餐桌上的常客，却一直存在着各种卫生、安全问题。针对卤肉食品加工场所设施不完善、原料来源复杂、添加剂使用不规范、从业人员素质不高等问题，象山县全面升级改造 9 家卤肉生产小作坊和 8 家销售门店，逐步实现卤肉食品安全从原料到餐桌的全链条数字化智慧监管。

据介绍，象山县卤肉食品安全追溯管理系统包括 1 个总的卤肉食品数字化溯源管理平台，3 个生产加工场所、食品销售终端和快速检测能力场景平台，可实现产品追溯数字化、产品生产阳光化和监督管理实时化 3 大功能。同时，在后端的生产加工小作坊和前端的销售场所，安装具备 AI 实时分析预警功能的监控设备 34 台，并在农贸市场内及周边的卤肉销售场所设置电子大屏，将卤肉生产加工过程实时向消费者展示。目前，该平台已累计录入溯源信息 2100 余条，开展专项检测 115 批次，排除风险隐患 11 起，每天上线可溯源卤肉品种 50 多种。

项目七　虚拟现实与智慧文旅

任务一　认识虚拟现实技术

『 学习情境 』

哈尔滨医科大学附属第一医院数字骨科及生物技术诊疗中心，运用最新引进的"3D可视化+MR拓影系统"即虚拟混合现实技术，为一名66岁的女患者成功实施了右侧肱骨髁粉碎骨折切开复位内固定术，如图7-1所示。术前，手术团队根据患者原始CT数据制作了1：1骨折病灶部位3D可视化影像。通过该系统，医生们可以清晰地看到患者右侧肱骨远端骨折的程度、移位的方向以及骨和关节与周围血管、神经组织的位置关系，并在计算机阅片端进行了手术预演，完全模拟手术复位固定的全过程，制订了最佳的手术方案。术中，医生戴上MR拓影系统眼镜，将病人的3D可视化影像投射在计算机屏幕中，通过特定手势对虚拟图像进行大小、方向的调试和调整，最终实现虚拟图像与病灶的匹配，映射到手术视野中，从而对患者右侧肱骨髁骨折及周围血管神经等情况了如指掌，使手术时间缩短了近一倍。术中复位满意，固定可靠，无副损伤。术后，病人按照康复计划进行了功能康复，并提前出院。利用虚拟混合现实技术不仅能大大降低患者的手术风险，还减轻了病人的经济负担，开创了未来骨科临床治疗的全新篇章。

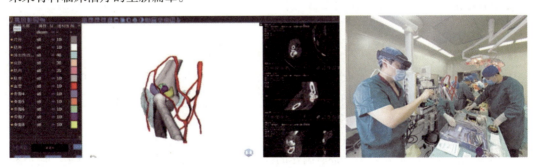

图 7-1　哈医大一院应用可视化虚拟现实技术

『学习目标』

1. 了解虚拟现实技术的含义、特征及关键技术；

2. 能发现虚拟现实技术在日常生活中的应用；

3. 感受科技的发展和祖国日新月异的进步。

『学习探究』

活动一　认识虚拟现实技术

随着计算机技术的进步，虚拟现实技术正逐渐影响和改变人们的生活方式。作为信息领域重点发展的前沿技术之一，虚拟现实技术实现了令人叹为观止的虚拟展示、让人眼花缭乱的 3D 电影特效、绚烂又智能的虚拟舞台，还有逐渐普及的城市景观漫游、三维虚拟场景体验、三维产品展示等。

1. 什么是虚拟现实技术

虚拟现实（Virtual Reality，VR）技术是一种运用计算机生成模拟环境，通过各种传感设备使用户"投入"到该环境中，实现用户与环境进行自然交互的技术，也被称作"灵境"技术。虚拟现实技术综合利用了计算机图形学、仿真技术、多媒体技术、人工智能技术、计算机网络技术、并行处理技术和多传感器技术，模拟人的视觉、听觉、触觉等感觉器官功能，使人能够沉浸在计算机生成的虚拟境界中，并能够通过语言、手势等自然的方式与之进行实时交互，创建了一种适人化的多维信息空间。使用者不仅能够通过虚拟现实系统感受到在客观物理世界中所经历的"身临其境"的逼真性，而且能够突破空间、时间以及其他客观限制，感受到真实世界中无法亲身经历的体验。

2. 虚拟现实技术的特征

虚拟现实技术具有三个显著特征：沉浸感（Immersion）、交互性（Interaction）和构想性（Imagination）。人们形象地将其称为 3I，它们共同支撑起虚拟现实技术。

（1）沉浸性

沉浸性主要指的是人们在设备所制作的模拟环境中，感受到一个真实的情境。用户利用专用设备，通过动作、语言等方式，与虚拟环境当中所出现的场景、对象等进行交流，这就好比生活在真实世界，给人一种身临其境的感受。

（2）交互性

交互性主要指的是用户可以对虚拟环境中的物体进行操作，并且可以从自然环境中得到相应的反馈。例如，当体验者在虚拟环境中，用手去抓取物体时，手就会有握住物体的感觉，并且能感觉物体的重量。视场中被抓住的物体也会随着手的移动而移动。这种交互方式能够提高用户在虚拟现实世界的沉浸感，使用户仿佛处在真实的世界一般。

（3）构想性

构想性主要指的是虚拟现实系统可以构造出现实世界中不存在或不易观察到，而只出现在人们想象中的情景。例如，一些武器的测试不方便在现实世界中进行模拟，就可以利用虚拟技术对其威力进行测试。用户可以从虚拟环境中得到感性和理性认识，从而深化概念，萌发新意，产生认识上的飞跃。

📩 **读一读**

　　2021 年央视春晚的众多节目都是采用云录制的方式，比如舞蹈节目《牛起来》，春晚 AR 团队利用 AR 场景间的转换与过渡，通过摇臂机位贯穿四合院大门的开门迎福 AR 场景、中式园林的鱼跃龙门和亭台楼阁的开窗，把 AR 环境、现场舞台以及云录制内容进行无缝衔接，如图 7-2 所示。

图 7-2　2021 年春晚虚拟现实技术的应用

活动二　虚拟现实的关键技术

一、动态环境建模技术

在虚拟现实技术中，最关键的就是搭建虚拟环境。动态环境建模技术就是在实际环境中获取三维数据，然后利用这些数据，在计算机中建立相应的虚拟环境模型。将客观世界的对象在相应的三维虚拟世界中进行重构。目前常用的虚拟环境建模工具为 CAD，操作者可以通过 CAD 技术获取三维数据，并通过得到的数据建立满足实际需要的虚拟环境模型。除了通过 CAD 技术，还可以通过视觉建模技术，两者相结合可以更有效地获取数据。

二、实时三维图形生成技术

三维图形生成技术指的是实时地根据要求形成相应的三维图形的技术。目前，三维图形生成技术已经较为成熟，其关键是如何实现"实时"生成。为了达到实时的目的，至少要保证图形的刷新率不低于 15 帧 / 秒，最好是高于 30 帧 / 秒。因此，如何在不降低图形的质量和复杂度的前提下提高图形刷新频率，是该技术的主要研究内容。

三、立体显示和传感器技术

虚拟现实环境和用户之间的联系主要是通过传感器和显示屏进行，但现阶段的虚拟现实发展情况距离系统对其提出的要求还有一定的差距。比如，显示器分辨率没有达到要求、传感器覆盖范围有限、数据手套延迟较久、头盔反馈图像过慢等，另外，使用虚拟现实设备的准确程度跟其感应范围这两方面也需要加强。

四、系统集成技术

系统集成技术是指通过各种技术整合手段将各个分离的信息和数据集成到统一的系统中。VR 系统中的系统集成技术包括信息同步、数据转换、模型标定、识别和合成等，由于 VR 系统中储存着许多的语音输入信息、感知信息以及数据模型，因此 VR 系统中的集成技术就变得非常重要。

📖 **读一读**

近年来，随着 3D 建模、显卡渲染能力等技术的快速发展使 VR 设备逐渐走向轻量化、便捷化和精细化发展，VR 设备开始走进大众消费市场。目前，VR 产品大致可以分为四类：①建模设备（如 3D 扫描仪）；②三维视觉显示设备（如虚拟现实头显、大屏幕投影、智能眼镜等）；③声音设备（如三维的声音、语音识别）；④交互设备（包括手柄、数据手套、力矩球、操纵杆、眼动仪、力反馈设备、数据衣等），如图 7-3 所示。

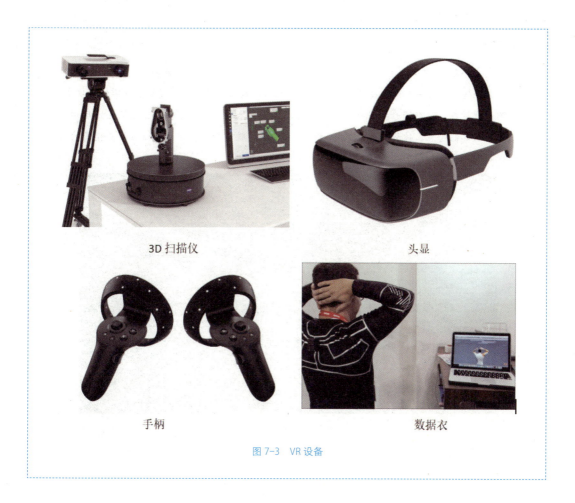

3D 扫描仪　　　　　　　　　头显

手柄　　　　　　　　　数据衣

图 7-3　VR 设备

活动三　虚拟现实技术的主要应用领域

虚拟现实技术的快速发展为人们带来了从国防军事到娱乐文化等众多领域的全新虚拟现实体验，其主要应用领域如下。

1. 国防军事

在国防军事领域，虚拟现实主要应用于"建立虚拟战场环境""单兵模拟训练""诸兵种联合演习"和"指挥员训练"四个方面。在航空工业中，常利用 CAD/CAM 技术与 VR 技术结合进行新型飞机设计，采用头盔显示器模拟实战场景，给人非常真实的感觉。随着虚拟现实技术的应用，军事演习在概念和方法上有了一个新的飞跃，可以通过建立虚拟战场来检验和评估武器系统的性能。

　　我国科技工作者通过虚拟现实技术，建立了 1 : 1 模拟航空母舰视景，通过佩戴 VR 沉浸式眼镜，以第一人视角在虚拟环境中体验航母舰载机起降过程，漫游航母甲板与机库，了解舰载设备、飞行器等航母知识。利用虚拟现实技术的多源信息融合、强交互式反馈、高实景仿真的特点，使得用户无须登舰即可"亲临"航空母舰，完成专业飞行员视角的舰载机驾驶体验，如图 7-4 所示。

图 7-4　模拟航母视景

2. 现代教育教学

　　在现代教育教学领域，虚拟现实技术能够为学生提供生动、逼真的学习环境。学生成为虚拟环境中的一名参与者，能够提高学生的想象力，激发学生的学习兴趣，帮助学生化解学习难度，突破教学的重点难点、提高学生技能水平，显著提升学习效能。例如，学生在学习立体几何时，可以利用虚拟现实技术，将原本需要学生发挥想象力和空间感进行学习的方式，转变成形象直观、可旋转、可透视的立体模型，大大降低了学习难度，提高了学习效率。

3. 医疗

　　虚拟现实技术在医疗中的应用大致分为两类。一类是虚拟人体，也就是数字化人体，使医生更容易了解人体的构造和功能。医学研究人员可以利用传感设备，从多角度对人体结构进行观察，并且直接放大想要观察的细节，加深对人体的了解，减少观察所消耗的成本。另一类是虚拟手术系统，医生可以直接将患者的相关图像和信息输入计算机，利用虚拟现实技术，模拟出患者的身体情况，进行模拟手术。医生通过不断探索，找到最有效、最安全性的方案，降低对患者身体的损害，全面预测患者在手术后的恢复情况，制订最有助于患者恢复的详细计划。

4. 建筑设计

虚拟现实技术可以使建筑设计更为直观高效，方便协商修改。设计师可以不受条件的制约，在虚拟的世界里任意去创作、观察和修改自己设计的每一个建筑，也可以设计各种建筑形式并比较其优劣，而不再像以前那样只在头脑中想象。虚拟现实技术提高了建筑设计师们的工作效率和建筑表现的直观性。

5. 生活娱乐

在生活娱乐领域，虚拟现实技术应用涉及游戏、直播、旅游等方面。虚拟现实技术的沉浸感使用户能更好地融入游戏中，激发游戏者的兴趣与热情。良好的交互性加强了游戏者的参与性，开放的构想性为开发游戏者提供更加便捷和自由的空间。虚拟现实技术在直播领域应用同样广泛，在赛事直播中，通常会采用数字虚拟广告系统、虚拟体育分析系统和虚拟重放系统。数字虚拟广告系统可忽视任何外在因素，无条件展示虚拟广告，实用性强，保证广告收益；虚拟体育分析系统将虚拟现实技术与赛事内容实时交互，跟踪运动员并绘制运动轨迹；虚拟重放系统可从各个角度清晰、真实地还原比赛现场情况。虚拟现实技术在旅游领域的应用价值很高，模拟实景便于旅游规划的修改与展示，激发设计创意。虚拟旅游还能扩大宣传，提高景区影响力和游客关注度，并能借助虚拟现实技术重构失去的名胜古迹，还原历史风貌与景观。虚拟旅游可让游客自由选择游览地点和路线，以低成本和高效率的方式满足游客需求。

 做一做

　　登录央视网的 VR 频道，浏览"VR 暖故事""VR 大事件""VR 任意门""VR 大突发"内容，感受虚拟现实技术在实际生活中的应用。

『学习总结』

1. 虚拟现实是应用计算机生成的一种模拟环境，通过各种传感设备使用户"投入"环境中，实现用户与环境进行自然交互的技术，它也被称作"灵境"技术。

2. 虚拟现实技术具有三个显著特征：沉浸感 (Immersion)、交互性 (Interaction) 和构想性 (Imagination)。人们形象地将其称为 3I，它们共同支撑起虚拟现实技术。

3. 虚拟现实的关键技术包括动态环境建模技术、实时三维图形生成技术、立体显示和传感器技术、系统集成技术。

4. 虚拟现实技术主要应用领域有军事、教育、医疗、建筑和娱乐。

『学习延伸』

VR 技术是爱国主义教育的最佳展现方式

2020 年，有关"香港教师给鸦片战争洗白"事件爆红网络。有香港某学校的中国历史材料"为什么中英爆发鸦片战争？"在网上流传，其内容声称鸦片战争源于中国和英国出现政治、贸易体制及司法制度冲突，只字不提英国大量输入鸦片令中国白银外流、鸦片毒祸令中国人沉沦。

工业革命后，英国急需扩大销售市场和原料产地。为扭转对华贸易逆差、攫取暴利，英国对华大举输出鸦片进行经济侵略，自此中华民族开始 150 年的屈辱岁月。但在 170 年之后，居然有人在为侵略者洗白。历史真相不容篡改，国耻家恨不容歪曲。但历史的教训光是从书本上学，老人口中讲解，还是不够的。对于和平年代长大的人来说，对战争的认识只停留在书本上的描述和影视作品的演绎，是无法亲身理解历史和灾难的。

而现在，借助 VR 技术，我们可以在虚拟现实环境中，亲历战争年代，感受历史事件，经历灾难，缅怀伤痛，砥砺前行。爱国主义教育课程"抗战胜利 70 周年阅兵"感受国家强盛，科技的发达；爱国主义教育课程"中俄海军演习"深入战场，感受战争的轰鸣；爱国主义教育课程"抗美援朝之英雄归来"亲临现场，欢迎我们的抗战英雄归来；爱国主义教育课程"红军长征"，亲身感受雪山的环境恶劣，地势险恶，红军前进困难，以及每走一段路就能看见倒在草地上牺牲的红军战士；爱国主义教育课程"战争前线"以第一视角，感受炮火连天的岁月，战斗氛围浓厚，画面庄严凝重；爱国主义教育课程"VR 飞夺泸定桥"亲身感受到周围河水的怒吼，震耳欲聋。

VR 体验式爱国主义教育突破传统宣传教育方式，通过将文字、图片等信息具象化的表现形式，大大降低学习者的学习和记忆难度，更加利于学习者深化理解学习思政知识。同时，将 VR 教育资源嵌入到沉浸式、互动式的教学过程中，让学习者在虚拟空间中与具象化的精神人物接触，深刻体验当时的历史过程，带来更加真实、身临其境的体验。让学习者身在其中、参与其中，更好地了解、感悟爱国主义主题内容，引导青少年胸怀爱国之情，树立报国的志向。

　　VR 技术和爱国战争历史的融合，成为重塑中国革命精神传承的新载体。时代在发展，技术在进步，紧跟教育与新科技的步伐，让战争精神、红色教育、创新精神再次发挥力量。

任务二　虚拟现实在智慧文旅中的应用

『学习情境』

　　随着科技的飞速发展，虚拟现实（VR）技术正逐渐渗透到我们生活的方方面面。在博物馆领域，VR 技术的引入无疑为观众带来了一场前所未有的视听盛宴。通过佩戴 VR 眼镜，人们可以瞬间"穿越"到古代，身临其境地感受历史文化的魅力。

　　VR 技术打破了传统博物馆参观的时空限制。以往，观众只能通过展柜中的文物和解说词来想象历史场景，而现在，观众可以亲自"走进"历史，与古人对话，感受那个时代的风土人情。这种沉浸式的体验方式，不仅让历史变得更加生动有趣，还极大地丰富了观众的文化知识。在敦煌莫高窟的数字敦煌沉浸展馆中，VR 技术得到了淋漓尽致的应用。观众只需戴上 VR 眼镜，就能"穿越"到 1400 多年前的壁画世界。在这里，观众可以零距离观赏精美的壁画，甚至可以"飞升"到窟顶，与壁画中的神仙共舞。这种跨越时空的体验，让人仿佛置身于一个梦幻般的神话世界。

　　除了 VR 技术，增强现实（AR）技术也为博物馆参观带来了全新的体验。在成都博物馆，观众可以通过 AR 眼镜或手机 App，在参观过程中随时获取展品的详细信息，如图 7-5 所示。这种虚实结合的参观方式，不仅让观众能够更深入地了解展品背后的故事，还为他们提供了一种全新的互动体验。虚拟现实技术在博物馆中的应用，正逐渐改变着我们对历史文化的认知方式。它让观众能够更加直观地了解历史，感受文化的魅力。未来，随着技术的不断进步和创新，我们有理由相信，博物馆将会成为一个更加充满活力和创意的文化空间。

图 7-5　虚拟现实（VR）技术在文物展出中的应用

『学习目标』

1. 了解智慧文旅的内涵及特点；

2. 了解基于实景图像虚拟现实技术在虚拟旅游中的关键技术，实现流程及其应用范围；

3. 体验虚拟现实技术在智慧文旅中的应用。

『学习探究』

活动一　认识智慧文旅

2021 年 3 月，"十四五"规划中首次将智慧文旅写进政府文件，对智慧文旅的发展要求更加具体，即推动景区、博物馆等线上数字体验产品，建设景区检测设施和大数据平台，发展沉浸式体验、虚拟展厅、高清直播等新型文旅。从此，智慧文旅成为旅游业发展中的一个新业态。以"文化＋旅游＋科技"为核心的智慧文旅概念和技术框架逐渐形成。

智慧文旅是指以特色文化为内在驱动，以现代科技为主要手段，通过 5G、大数据、物联网、虚拟现实、人工智能等新一代信息技术实现"文化＋旅游＋科技"融合，围绕旅游管理、旅游服务、旅游营销、旅游信息传播、旅游体验等智慧化应用所形成的数字化文化旅游新业态。智慧旅游与传统旅游最根本的区别在于"智慧"，除了旅游信息化之外，更加注重新技术的应用以实现旅游者的自主体验。智慧旅游突破了传统旅游的限制，既是传统旅游的拓展，同时也服务于传统旅游。其特点主要体现在以下几个方面。

1. 全面物联

智能传感设备将旅游景点、文物古迹、城市公共设施物联成网，对旅游产业链上下游运行的核心系统实时感测。

2. 充分整合

实现全景区、景点、酒店、交通等设施的物联网与互联网系统完全连接和融合，将数据整合为旅游资源核心数据库，提供智慧旅游服务基础设施。

3. 协同运作

基于智慧的旅游服务基础设施，实现旅游产业链上下游各个关键系统和谐高效地协作，达成城市旅游系统运行的最佳状态。

4. 激励创新

鼓励政府、旅游企业和旅游者在智慧旅游的服务基础设施上进行科技、业务和商业模式的创新应用，为城市提供源源不断的发展动力。

 读一读

　　乌镇作为旅游大户，在面临巨大客流量的同时也存在着景区拥堵、管理效率低、游览体验差等问题，在接受智慧旅游理念后，乌镇做出了以下改变。

　　2003 年，乌镇开始在地下预埋网络光缆，2006 年实现了免费 Wi-Fi 全覆盖。2019 年建设 5G 基站，开启万物互联的时代。同时，乌镇积极打造"智慧环保型公厕"等硬件配套设施，具有播放音乐、智能感应风干、直接转化为有机肥料半成品等功能。乌镇建设智慧交通诱导系统，游客通过手机应用实时查看所有公交车位置、线路，科学安排候车时间。乌镇景区还安装了 560 多个"天眼"系统，通过人脸识别系统实现监控探头识别、瞬间定位，保证游客安全。对接通信运营商、社交媒体等数据，有效整合涉旅数据，并通过数据可视化平台，集中展示数据建模、挖掘、分析的结果，实现涉旅数据的实时监测查看。在入园这块，乌镇除了扫码入园之外，还采用了"刷脸识别"功能。系统提前采集游客头像上传至数据库，闸机上的摄像头自主匹配游客，判断其是否可以进入景区。此处理过程仅需要 0.6 秒，如图 7-6 所示。

图 7-6　镇智慧运行核心系统

活动二　智慧旅游中虚拟现实技术的应用与实现流程

智慧旅游中的虚拟现实系统是一项极其复杂的系统工程，采用基于实景图像的虚拟现实技术，即直接利用照相机或摄像机拍摄得到实景图像来构造视点空间的虚拟景观。该方法具有快速、简单、逼真的优点，正在越来越多地应用于旅游景点、虚拟场馆以及远地空间再现等方面，非常适合于实现虚拟旅游。

1. 基于实景图像虚拟现实技术在虚拟旅游中的关键技术

实现一个虚拟旅游系统涉及三方面的技术：一是利用 Web GIS 的电子地图支持功能实现地图的生成、管理、显示和网络共享；二是利用基于实景图像的虚拟现实技术生成全景图像；三是利用 Java Applet 与 Web GIS 相结合完成全景图像的网络漫游，再辅以友好的用户界面，使用户能以真实的感觉"进入"地图观赏美景。

2. 实现流程

①收集各种数据，建立背景条件数据库和目标条件数据库。

②把背景条件数据输入虚拟现实技术处理系统进行处理，生成具有沉浸感和交互能力的虚拟背景。

③把目标条件数据输入虚拟现实技术处理系统进行处理，生成具有沉浸感和交互能力的虚拟建筑物、游线、服务等旅游产品。

④将虚拟背景与虚拟旅游产品叠加，通过人机对话工具，让游客、规划设计人员进入虚拟旅游环境中漫游和亲身体验，提出意见并不断进行修改，最终生成最佳规划设计方案。

活动三　虚拟现实技术在智慧文旅中的应用

虚拟现实技术与旅游业的结合给旅游业和虚拟现实技术双方都带来了新的发展机会，而这两者的结合方式与结合程度仍在不断前进，目前虚拟现实技术在虚拟旅游中主要应用于以下几个方面。

1. 现存景观的虚拟旅游

现存景观的虚拟旅游一方面可以满足一些没有到过该景点的游客的游览需求，如故宫虚拟旅游、天山虚拟旅游、莫高窟虚拟旅游等；另一方面，可以对现存旅游景点起到预先宣传，扩大影响力和吸引游客的作用。

📩 **读一读**

　　长城是人类历史上的建筑奇迹，在万里长城里，司马台长城是现今国内保存最完好的古长城之一，被列入世界遗产名录，是我国唯一保留明代原貌的古建筑遗址。

　　谷歌艺术与文化项目推出司马台长城的专题页面——"见微知'筑'识长城"，通过虚拟增强技术，让大家足不出户就可以在线虚拟参观长城。用户通过"观妙中国"App，就可以随时随地近距离观赏壮丽长城。专题页面包括首个司马台长城的360°实景虚拟游览，以及370幅长城图像和35个故事，让大家深入地了解长城迷人的建筑细节，并且可以了解其丰富的历史，以及长城的保护历程。页面也可以让大家观赏到长城上实地很难探访的部分，例如，通向仙女楼的"天梯"，沿着陡峭的山脊向上延伸，最窄的部分只有半米宽，此处并不向公众开放。但是，现在通过"观妙中国"的"见微知'筑'识长城"，大家就可以清晰观赏仙女楼天梯，如图7-7所示。

图7-7　通过虚拟增强技术"云游"长城

 做一做

　　通过"观妙中国"App，游览"司马台长城"景点。

2. 再现景观的虚拟旅游

　　这是针对不存在或即将不复存在的旅游景观而展开的，它不仅具有保存价值，而且还可以满足游客的好奇心，甚至给人们的怀旧心理以某种程度上的安慰，如对昔日三峡风光的虚拟旅游、已经灭绝生物的虚拟再现等。

图 7-8　再现景观的虚拟旅游

3. 未建成景观的虚拟旅游

这是针对正在规划建设中但未完全建成的旅游景点而展开的，其目的主要是起到一种先期宣传和吸引游客的作用。

图 7-9　未建成景观的虚拟旅游

4. 目前人类还不太可能到达的虚拟旅游

目前人类还不太可能到达的虚拟旅游，如太空旅游、地核旅游、深海旅游等也非常适合用虚拟旅游来实现。目前，国内的这类虚拟旅游正处于发展阶段，其研究也主要侧重于应用。

📖 读一读

　　美国国家航天局推出了虚拟的系外行星太空旅游局（Exoplanet Travel Bureau）站点，它使任何人都能"参观"一个外星世界。在该站点中，用户可以通过虚拟视觉化体验360°全景式探索宜居系外行星表面，还配有NASA设计的精美的复古风格的系外行星海报。比如开普勒项目发现的Kepler-16b、Kepler-186f等系外行星的表面渲染图像。

『学习总结』

　　1. 智慧文旅是指以特色文化为内在驱动，以现代科技为主要手段，通过5G、大数据、物联网、虚拟现实、人工智能等新一代信息技术实现"文化＋旅游＋科技"融合，围绕旅游管理、旅游服务、旅游营销、旅游信息传播、旅游体验等智慧化应用所形成的数字化文化旅游新业态。

　　2. 智慧文旅的特点包括全面物联、充分整合、协同运作、激励创新。

　　3. 实景图像虚拟现实技术在虚拟旅游中的关键技术：基于Web GIS的空间景观支撑技术、全景图像生成技术、基于Java Applet的虚拟景观漫游技术，其实现流程为：建立背景条件和目标条件数据库，生成虚拟背景，生成旅游产品，将虚拟背景与虚拟旅游产品叠加，进入虚拟旅游环境中漫游和亲身体验。

　　4. 虚拟现实技术在虚拟旅游中主要应用于以下几个方面：现存景观的虚拟旅游、再现景观的虚拟旅游、未建成景观的虚拟旅游、目前人类不太可能到达的虚拟旅游。

『学习延伸』

VR 千里眼——"云游"敦煌莫高窟

　　2020年敦煌研究院微信公众号推出《带你"云游"敦煌莫高窟》，让观众足不出户便能一览莫高窟的四季美景，探索敦煌文化，漫游精品展览。

　　进入"莫高窟的四季"全景展示，点击春、夏、秋、冬四个场景，便可欣赏到莫高窟不同季节的景观——春天嫩芽初发，夏日绿树成荫，秋天满目金黄，冬季白雪皑皑。观众还可以选择VR模式，获得身临其境的体验。

　　"数字敦煌"以敦煌石窟艺术的数字化成果为基础，汇集有关敦煌石窟的图像、影像、考古研究和保护等方面的数据，在数字世界中再现敦煌石窟的精美绝伦，满足观众打破时间、空间限制的浏览欣赏需求。"数字敦煌"主页设有"洞窟"和"壁画"两个栏目，还可进行分类检索，点击任意一个洞窟，就能看到开凿年代、内部结构、洞窟图案等详细介绍，跟随"全景漫游"就能 360 度欣赏洞窟内景，比实地参观看得更全、更细。点击一幅壁画，除了可以看到壁画所处洞窟、画面内容的介绍外，还能欣赏高清图片，根据需要可将画面移动、放大，精彩细节一览无余。

在"数字敦煌"资源库基础上，敦煌研究院推出"细品敦煌艺术，静待春暖花开"精品网络线路游，包括飞天、藻井、千佛等装饰图案和介绍壁画中民俗生活、史迹画、建筑乐器等内容为主的四条精品线上参观路线，让大家"零距离"感知敦煌文化艺术。

游览完精美洞窟，还可以继续欣赏敦煌文化创意内容，包括《敦煌岁时节令》《吾爱敦煌》《和光敦煌》《敦煌说》4 个栏目。同时还可以在线欣赏已经闭展的"丝绸之路上的文化交流：吐蕃时期艺术珍品展"。这是全球首个以吐蕃为主题的文物大展，120 多件套精美文物呈现了吐蕃时期的文化艺术及其与丝绸之路各文化间的交流互动。除了精品导赏外，还能虚拟漫游展厅，效果不输线下观展，如图 7-10 所示。

莫高窟的四季漫游   洞窟全景漫游   "丝绸之路"漫游展厅

图 7-10   "云游"敦煌莫高窟

做一做

扫描下列二维码，开启"云"游敦煌莫高窟旅程。

莫高窟四季漫游　　　　　数字敦煌

任务三　参观中国国家博物馆数字展厅

『学习情境』

近年来，随着"互联网＋"以及新媒介技术的发展与运用，博物馆数字化的建设取得了变革性的进步。国内大型博物馆均在"线下"实体博物馆之外开展了"线上"博物馆的建设与运营。这些线上博物馆采用了官网、微信、微博、App、搜索引擎等多种营销形式。线上博物馆消除了地域的限制，实现了全时全天候开放，在线化、数字化的展品颇具人气，浏览量相当可观。以故宫博物院为例，每日仅限8万人次的参观流量远远不能满足人们的需求，一些未能预约成功的参观者选择了线上博物馆，其官方网站上的"全景虚拟游览"可以满足一部分用户的需求。目前国内大部分博物馆的数字化建设主要集中于三个方面：藏品数字化采集、博物馆管理信息化以及数字资源展示利用。

『学习目标』

1. 了解数字博物馆的含义及其相关技术；

2. 熟悉中国国家博物馆数字展厅操作方式、浏览方式和行走体验；

3. 在国家博物馆数字展厅中参观"伟大的变革——庆祝改革开放40周年大型展览"。

『学习探究』

活动一　数字博物馆的含义及其相关技术

数字博物馆是使用数字手段将实体博物馆的收藏品转化为数据资源，并辅以数字展示方法，通过互联网实现跨时间、跨地域传播。它在保存文物数据的同时，也在更大程度上实现了博物馆研究、审美、科普等目的。

近年来，跟数字化博物馆相关的技术取得了较大发展，其中比较重要的有 3D 技术、360 全景技术、AR 技术、VR 技术等。

1.3D 技术

3D 技术是将文物通过激光扫描建模、相机多方位摄像，获得文物的基础数据，将数据输入计算机的存储设备中进行记录保存，再经过相关软件的处理得到实体的三维几何模型。用户可以通过鼠标拖拽、放大、缩小、旋转等方式查看文物高精度三维模型，全方位无死角观赏文物。

2.360 全景技术

360 全景技术是将实体博物馆的建筑、展厅和展品通过摄像以及后期合成进行可更替的实景复制，制作出完整的虚拟博物馆。360° 全景中的展品都是与实体博物馆中真实存在的展品相对应的数字展品，通过 360° 全景展示，观众无论身在何处，都可以通过计算机、手机等看到这个对外开放场所的实景，实现虚拟参观，从而对开放点的结构、布局、外景、内景有直观的感受，为日后的实地参观打下基础。

3. AR 技术

AR 技术即增强现实技术，它是一种将真实世界信息和虚拟世界信息"无缝"集成的新技术，是把原本在现实世界的一定时间空间范围内很难体验到的实体信息（视觉信息、声音、味道、触觉等）通过计算机等科学技术模拟仿真后再叠加，将虚拟的信息应用到真实世界，被人类感官所感知，从而达到超越现实的感官体验。

4. VR 技术

虚拟现实技术是利用计算机模拟产生一个三维空间的虚拟世界，提供使用者关于视觉、听觉、触觉等感官的模拟，让使用者如同身临其境一般，可以及时、没有限制地观察三维空间内的事物。

除了以上技术外，高清打印机、3D打印等硬件或技术的发展，也给数字化博物馆的发展提供了技术支持。

活动二　中国国家博物馆数字展厅功能介绍

1. 操作方式

中国国家博物馆数字展厅以展览为主要呈现脉络，截至目前已有60余项展览的虚拟展示，并且不断在增加，呈现技术先进，内容丰富而精彩。中国国家博物馆数字展厅以展览为导向的呈现方式清晰明快，针对性强，不管是对于专业的研究学习人员，还是对于业余爱好者，都是省时快捷的浏览方式。

在现有的60余项展览中，出现了多种界面操作规范和媒介呈现效果。以中国国家博物馆数字展厅中的"纪念台湾光复七十五周年主题展"为例，界面下方为展厅工具栏，包含"自动导览""自主漫游""展览构成""展区地图""三维场景"多个栏目，右侧为"展览延伸"，包含历史瞬间、媒体聚焦等相关内容，游客在参观的过程中，可随时单击感兴趣的展览品，系统会进行简单的介绍。同在数字展厅中的"真理的力量"具有明确性和导引性，其用一段简短的动画展示了数字展示的操控方法，右下角的地图方便用户随时切换参观展厅，用户友好性好。

2. 浏览方式

地图导览设计、操控界面设计、展览加载进度设计是一个完整的数字展厅中不可或缺的组成部分。在中国国家博物馆数字展厅现有的展览中，几乎全部配备了这样的设计成分。比如"复兴之路"数字展示，如图7-11所示。在地图导览的基础上，可以根据屏幕左边的产品目录自行选择参观的重点与路径，数字博物馆中的作品目录可被视为传统博物馆中的简介手册，这无疑提高了用户体验和沉浸程度。中国国家博物馆数字展厅对作品的详细介绍页面中不具备页面缩放功能，但配备的"页面放大镜"功能，也在一定程度上满足了细节展示的需求。

3. 行走体验

这是参观者使用感受的重中之重。中国国家博物馆数字展厅的行走感比较流畅，但移动速度过快，点与点之间的像素失真，容易令参观者产生眩晕感。另外，中国国家博物馆数

图 7-11　复兴之路数字展览馆

字展厅的行走触点有时仅限于固定的几个点，观赏角度有限。与行走体验相关的还有方向感，因此在界面上设置方向明确的场馆缩略图具有重要的辅助作用，它可以帮助访问者快速找到此时所处的位置，从而更加安心地参观、学习。

活动三　在国家博物馆数字展厅中参观"伟大的变革——庆祝改革开放 40 周年大型展览"

①利用手机或计算机端登录中国国家博物馆数字展厅官网，如图 7-12 所示。

图 7-12　伟大的变革——庆祝改革开放 40 周年大型展览

②单击"伟大的变革——庆祝改革开放 40 周年大型展览"，如图 7-13 所示。

图 7-13　伟大的变革——庆祝改革开放 40 周年大型上展览

③单击"点击进入"进入虚拟展示，如图 7-14 所示。

图 7-14　点击进入展览

④观看系统提示，学习浏览方法，如图 7-15 所示。

图 7-15　学习浏览方法

⑤单击向上箭头进入展厅或单击左侧地图或目录，选择参观内容，如图 7-16 所示。

图 7-16　选择参观内容

⑥进入展厅后，可单击画面中的圆点，获取详细解说，如图 7-17 所示。

图 7-17　获取详细解说

⑦系统支持自动观展功能，单击"自动观展"按钮即可，同时可利用"+""-"按钮，进行画面的放大和缩小，如图 7-18 所示。

图 7-18　画面放大和缩小

『学习总结』

1. 数字博物馆是使用数字手段将实体博物馆的收藏品转化为数据资源，并辅以数字展示方法，通过互联网实现跨时间、跨地域传播。

2. 与数字博物馆相关的技术：3D 技术、360 全景技术、AR 技术、VR 技术等。

『学习延伸』

VR 相关技术占据数字故宫重要一席

2020 年是紫禁城建成六百周年，也是故宫博物院成立的第九十五周年。1925 年故宫博物院建立，以明清两代皇宫和宫廷珍藏文物建立起来的，以宫殿建筑群、古代艺术品以及宫廷文化史记为主要内容的国家大型博物馆。拥有规模最大、保存最完整的宫殿建筑群，是中华民族的骄傲所在，也是全人类珍贵的文物遗产。

故宫博物院一直致力于用先进技术保护、研究、展示故宫所珍藏的文化遗产，建设一个符合时代发展需要的博物馆是故宫博物院人的使命。1998 年故宫博物院成立数字资料中心，自此拉开了故宫博物院数字建设的序幕。在整个数字故宫体系中，VR 相关技术应用占有重要的一席。据了解，近几年来，故宫博物院文物在三维数据方面已完成 1294 件院藏文物三维数据采集工作，其中 257 件符合 8K 显示标准，这些研究级的三维数据对于文物保护、修复以及研究都将具有极其重要的资源价值；220 件符合 4K 显示标准，这些三维数据通过数字多宝盒平台向公众展示，线上月均访问量达到 14 万次以上，如图 7-19 所示。

从 2000 年开始，故宫还持续采集并积累院内古建三维数据资源，完成了用于数据展示紫禁城 72 万平方米全景三维数据，687 万平方米清代皇城全景数据，以及超过 6 万平方米重点宫殿区域高清三维数据采集工作。此外还拍摄记录了故宫大建工程中 23 个区域古建修缮过程，素材时长超过 900 小时。这些高精度三维数据可开发为交互巨幅版作品、VR 头盔、VR 眼镜项目等。根据得到的数据，故宫制作了三大殿、十个区域的节目，部分还增加了体感交互等体验性较强的项目，参与到各个重要的展会活动当中。

通过采集完成 1743 个高清全景点位，包括 78 处宫殿建筑，故宫制作推出了全景故宫栏目，利用全景 VR 技术，观众不受打扰欣赏 360° 的故宫实景，覆盖全部开放区域，甚至可以浏览暂时未对公众开放的区域。

图 7-19　故宫博物院数字展厅